災害史探訪
海域の地震・津波編

伊藤和明

KSS 近代消防新書 012

近代消防社 刊

はじめに

2011年3月11日、東北地方太平洋沖地震（M9・0）による東日本大震災が発生したとき、「想定外」とか「未曾有の」という言葉が乱れ飛んだ。しかし、この巨大地震も大規模災害も、はたして「想定外」や「未曾有」の出来事だったのだろうか。

そもそも「想定」とは、人間が自然現象に対して、勝手に「枠」をはめたものであり、当然のことながら、自然がその「枠」を超えるような力を発揮することは珍しくないのである。

一方、「未曾有」とは「未だかつて有らず」という意味であるが、地球規模で見た場合、M9・0は決して未曾有の巨大地震ではない。20世紀後半以降を振り返ってみても、日本列島に大津波をもたらした1960年チリ沖地震はM9・5、1964年アラスカ地震はM9・2、大津波によって23万人が犠牲になった2004年スマトラ島沖地震はM9・1など、東北地方太平洋沖地震を凌駕する超巨大地震はしばしば発生している。

このように、地球の営みとしてM9クラスの地震が発生するのは、ごく当たり前のことだったのである。ただ、日本列島周辺で、過去にM9クラスの地震の起きた事例が知られていなかったために、「想定外」とか「未曾有」という言葉が乱れ飛ぶことになったと見るべきであろう。

四方を海に囲まれている日本列島は、太古から、海域で発生する大地震や津波に繰り返し見舞われてきた。それは、文字による記録が残される歴史時代よりもはるか昔から、列島を襲ってきたことは間違いない。

しかし、日本人が文字を持つようになってからは、人びとが体験した災害の記録が、詳しくありのままに書き残されていて、後世に伝える役割を果たしてきた。それとともに、近年行われてきた地盤液状化の痕跡や津波堆積物の調査などから、私たちは、古地震の地震像や災害像を復元することが可能になってきたのである。

このようにして、自然と人文の両面から掘り起こされた過去の地震や災害を見直してみると、そこには現代への教訓が数多く含まれていることがわかる。

日本列島周辺の海域で発生する大地震は、千島海溝や日本海溝、相模トラフや南海トラフ、日本海東縁など、プレート境界で発生する地震がそのほとんどを占めていて、必ずと言っていいくらい、大津波を発生させる。津波がいかに大量死を招く現象であるかも、多くの災害記録から確認することができる。

過去の震災から何を読み取り、それをいかに将来の防災に活かすか、いわば自然災害の「温故知新」ということができよう。

私は、月刊誌『近代消防』に、２００８年から「災害史探訪」と題して、過去に起きたさまざまな自然災害について連載をつづけてきた。それらを分類して、これまでに「内陸直下地震編」、「火山編」を刊行してきたが、本書は、海域で発生した大地震と災害について、「海域の地震・津波編」としてまとめたものである。

度重なるプレート境界地震が、いかに壊滅的な災害を招くかとともに、当時の社会に、どれほど計り知れない衝撃を与えてきたかを読み取って頂ければ幸いである。

目　次

第1章　古代史に見る巨大地震と津波

1　『日本書紀』に載る白鳳大地震

日本最古の歴史書である『日本書紀』には、古代に発生した地震に関わる記事が、いくつも見られる。それらの記述から、私たちは、大昔に日本列島で発生した地震災害の状況を知ることができるし、現代にも通じる防災上の課題を探ることもできる。

『日本書紀』は、天武天皇が編纂を命じたといわれ、その遺志によって、720年ごろに完成を見た歴史書である。もっとも、その前半は、非現実的な神代を扱ったもので、年代上の矛盾も含めて、信憑性に乏しいのだが、後半になると、観察された自然現象に関わる記述が、ありのままに記されていて、災害史をひもとくうえで興味深い。

最古の地震記録

『日本書紀』の允恭天皇5年7月14日の項に、「五年秋七月丙子朔、己丑、地震」と記されているのが、日本最古の地震記録で、西暦では416年8月23日にあたる。

「地震」と書かれているのは、「なゐふる」と読んだもので、「なゐ」とは、土地または地面をさす言葉であり、それが振れる＝揺れるということで、地震を表現していたのである。

ただこれだけの記述からは、どこを震源として起きた地震なのか、また地震の規模も被害の程度も推測することはできない。

明らかに災害を伴った最古の地震として記されているのは、推古天皇7年4月27日（599年5月28日）に起きた大和の地震で、「地動、舎屋悉破、則令四方、俾祭地震神」と記されている。建物がことごとく倒壊したというのだから、かなりの大地震だったのであろう。

「四方《よも》に令《のりごと》して、地震《なゐ》の神を祭《いの》らしむ」と書かれているのは、当時の人びとが、地震を神の仕業と考えていたことを物語っている。

この地震についても、大和で大きな被害のでた地震と書かれているだけなので、震源がどこで、どんなタイプの地震だったのかを推測することはできない。

地すべり地震の記録

時代はくだって、天武天皇の時代になると、諸国からの情報が、中央へと集まりやすくなった。壬申の乱で勝利し、皇位についた天武天皇は、古代天皇制を確立し、中央集権国家を築き上げた天皇だっただけに、各地で起きた災害などの情報が、速やかに大和の朝廷に届くようになったのである。

『日本書紀』の天武天皇7年12月（６７９年1月）の項には、次のような記述がある。

（読み下し文に改め）。

「是の月に、筑紫の国、大きに地動《なゐふ》る。地裂くること広さ二丈《ふたつゑ》、長さ三千余丈《みちつゑあまり》。百姓《おほみたから》の舎屋《やかず》、村ごとに多く仆《たふ》れ壊《やぶ》れたり。是の時に、百姓の一家、岡の上に有り、地動《なゐふ》る夕に当りて、岡崩れて処遷《ところうつ》れり。然れども家既に全くして、破壊《やぶ》るること無し。家の人、岡の崩れて家の避《さ》れることを知らず。但し会明《あけぼの》の後に、知りて大きに驚く」

筑紫の国、つまり現在の九州北部で大地震があって、大きな地割れを生じ、多数の農家が倒壊した。このとき、岡が崩れて、その上にあった一軒の農家も、崩れ落ちた土砂とともに移動したのだが、家は全く壊れなかった。そのため、住人は家の動いたことに気づかず、夜が明けてから知って、たいへん驚いたというのである。

これは明らかに、地震とともに地すべりが起きたことを物語っている。つまり地すべりを起こした地震の最古の記録なのである。

近年行われた活断層の発掘調査から、この筑紫の国の地震は、現在の久留米市附近を東西に走る水縄《みのう》断層の活動による地震だったことが明らかになった。

まさに、『日本書紀』に書かれた記録と、近年の科学的調査とが符合して、大昔の地震の謎が解き明かされた事例といえよう。

白鳳大地震・最古の巨大地震記録

さらに『日本書紀』には、日本で最初の海溝型地震の記述がある。

天武天皇13年10月14日（684年11月29日）の項に、「国挙《こぞ》りて男女《をのこめのこ》叫び唱《よば》ひて不知東西《まど》ひぬ。則《すなは》ち山崩れ河涌く。諸国の郡の官舎《つかさやかず》、及び百姓《おほみたから》の倉屋《くら》、寺塔《てら》神社《やしろ》、破壊《やぶ》れし類《たぐひ》、勝《あげ》て数ふべからず。是に由りて、人民《おほみたから》及び六畜《むくさのけもの》、多《さは》に死傷《そこな》はる。時に伊予《いよの》湯泉《ゆ》、没《うも》れて出でず。土左国の田苑《たはたけ》五十余万頃《しろ》、没れて海と為る。古老の曰はく、『是《かく》の如く地動《なゐふ》ること、未だ曾《むかし》より有らず』といふ」。

広範囲に及ぶ激震によって、阿鼻叫喚のありさまとなり、山は崩れ、川の水は湧きだし、諸国の官舎や家屋、社寺などが数えきれないほど倒壊して、多くの死傷者がでたと記されている。また、ここにいう「伊予の湯泉」とは、現在は松山市内にある道後温泉のことで、地震の揺れによって水脈が変化し、温泉の湧出が止まってしまったことを指している。

注目したいのは、「土佐の国の田や畑が50万頃あまり沈下した」と記されていることである。ここでいう「頃《しろ》」とは、当時の面積の単位で、50万頃は約12平方キロにあたる。つまり、それだけの面積の土地が、地震に伴う地盤の沈下で、海面下になってしまったことを示しているのである。

さらに『日本書紀』には、この大地震の記述から18日後に、土佐の国司からの報告として、「大潮高く騰《あが》りて、海水飄蕩《うみつみただよ》ふ。是に由りて、調《みつぎ》運ぶ船、多《さは》に放れ失せぬ」と記されている。これは、大津波が土佐の国、現在の高知県の沿岸に襲来して、大和の朝廷に貢ぎ物を運ぼうとしていた船が、多数流失してしまったことを意味しているのである。

土佐の国からの報告が、遠く大和の朝廷に届くまで、20日近い日数がかかったとすれば、この津波があの大地震によるものだったと考えるのが自然であろう。

これらの記述を総括すると、①広範囲にわたる激甚な震害、②12平方キロにも及ぶ地盤の沈降、③沿岸地域への大津波の襲来、という事実から、この地震が南海トラフで発生した海溝型の巨大地震であったことが容易に推測される。

この大地震は、地震学者の今村明恒博士によって、「白鳳大地震」と名づけられており、日本の地震史上、最初に記録された巨大地震と位置づけられてきた。

ところで、この大地震に関する『日本書紀』の記述は、土佐を中心とした四国だけの災害に触れているため、南海トラフに沿う3つの震源域（東海・東南海・南海）の西端にあたる南海地震の最古の記録と評価されてきた。

しかし近年、日本各地で進められてきた過去の津波堆積物の調査から、三重県の志摩半島で、7世紀後半と見られる津波堆積物が発見された。白鳳大地震の発生は西暦684年だから、その堆積物は、白鳳大地震によるものと推定されたのである。

志摩半島の地理的な位置から推しはかれば、3つの震源域のうち、真ん中にあたる東南海のエリアも動いたことになる。

さらにその後、産業技術総合研究所の調査チームが、静岡県下で新たな発見をした。磐田市を流れる太田川の河口から、2・5キロと3キロの2地点で、深さ約5メートルの所に、津波が運んできたとみられる砂の層が4枚あることを見つけたのである。

4枚の砂の層の年代について、炭素同位体による年代測定をしたところ、最下層は7世紀後半に堆積したものであることが明らかになった。それゆえ、これは684年の白鳳大地震による津波堆積物にちがいないと推定されたのである。

発見場所が静岡県下であることから、3つの震源域のうち、東海のエリアも、このとき活動したものと考えられた。

したがって、『日本書紀』に記された白鳳大地震は、南海トラフに沿う3つの震源域が、ほぼ同時に活動した、いわゆる3連動地震だった可能性が高いと判断されたのである。

2　『日本三代実録』に載る貞観地震

東北地方の三陸沿岸は、太古から繰り返し大津波の洗礼を受けてきた。その最古の記録が、日本の正史である六国史《りっこくし》の一つで、平安時代の歴史書として知られる『日本三代実録』に載っている。

「貞観地震」と呼ばれており、その内容が、2011年3月11日に発生した「東北地方太平洋沖地震」による大津波によって、仙台平野が洗いつくされた状況を彷彿とさせることから、大きな注目を集めてきた。

貞観地震による災害

貞観地震が発生したのは、清和天皇の貞観11年5月26日（869年7月13日）の夜であった。このときの災害の模様について、『日本三代実録』には、どのように書かれているのか、要約してみる。

「陸奥《みちのく》の国で大地震があり、流光が昼のごとく陰映した。このとき、人びとは叫びあい、地面に伏したまま起き上がることもできないほどであった。或る者は倒れた家屋の下敷きになって圧死し、また或る者は地割れに呑みこまれてしまった。馬や牛は驚いて走りまわり、互いに踏みつけあう有様であった。城郭や倉庫、門、櫓、囲いの壁などが崩れ落ち、倒壊した。その数は、数えきれないほどである。

やがて、雷鳴のような海鳴りとともに、潮が湧き上がり、激しい波と高い潮が川を遡上し、たちまち城下に達した。海岸から数十～百里の先まで涯も知れず水となり、原野も道路もすべて大海原と化してしまった。人びとは、船に乗るいとまもなく、山へ避難することもかなわず、千人ほどが溺死した。この災害により、人びとの資産も農作物も、ほとんどが失われてしまった」。

「流光が昼のごとく陰映した」というのは、大地震に伴って起きるとされる発光現象を指すものであろう。

また、ここでいう「城下」とは、現在の仙台平野にあって、当時の陸奥の国（現在の青森・岩手・宮城・福島の各県）の国府があった多賀城を指していると考えられている。

つまり、仙台平野が大海原になるほどの大津波が襲来したことを、『日本三代実録』の記述から読みとることができるのである。

津波堆積物は語る

近年東北大学の研究者や、産業技術総合研究所によって行われた発掘調査やボーリング調査から、過去の津波が運んできたとみられる厚さ数センチの砂の層が、石巻平野や仙台平野、さらには福島県相馬平野にまで広く分布していることがわかった。しかも砂の層は、平野の奥深く、現在の海岸線から4キロ以上も内陸に堆積していた。

これら砂の層は、十和田火山から噴出されたとみられる灰白色の火山灰層のすぐ下にあった。『扶桑《ふそう》略記』の延喜15年7月5日の記述に、「出羽国言上、雨灰高二寸、諸郷農葉枯損之由」とあるが、これは、噴出物の調査から、十和田火山の大噴火によるものとされており、西暦では915年にあたる。

砂の層が、十和田火山からの火山灰層のすぐ下にあるということは、915年よりも少し古い時代に堆積したことを意味している。

一方、砂の層の中に含まれていた木片について、放射性炭素により測定した年代は、まさに9世紀後半、貞観の時代あたりを指していた。したがって、これら砂の層は、869年の貞観地震による大津波がもたらした堆積物と認定されたのである。

その分布の広さから判断して、貞観の地震津波は、仙台平野を洗いつくし、さらに現在の福島県の沿岸まで、広く覆っていることも明らかになった。また最近の調査によって、仙台平野よりも北の三陸沿岸、宮城県の気仙沼などでも、貞観津波の堆積物が見つかっている。

このような事実から、貞観の大津波は、東日本大震災のときの大津波に酷似していると位置づけられたのである。

さらに調査を進めた結果、仙台平野では、厚さ数センチの砂の層が、3層あることが確認された。3層のうち最も上の層は、869年の貞観津波による堆積物である。

下位にあった2つの砂層について、放射性炭素による年代測定を実施したところ、それぞれ約1、950年前と約2、800年前の堆積物であることがわかった。

つまり、過去3、000年ほどのあいだに、貞観津波に匹敵するような大津波が、仙台平野に3回押し寄せていて、およその発生間隔は、８００年から1、０００年前後と推定されたのである。

実は、このような科学的成果が、東日本大震災よりも前に得られていたのである。そして、８６９年の貞観地震津波から、すでに1、１００年あまりも経過しているから、周期性を考慮すれば、近い将来、巨大津波の襲来する可能性があるのではないか、しかも仙台平野では、近年急速に市街地化が進み、人口も増加しているため、大規模な災害が予想されると、警告を発していた研究者もあった。

現実に、政府の地震調査研究推進本部は、貞観地震津波に関するこれらの研究成果を、２０１１年４月を目途に、「地震活動の長期評価」に反映させる予定だったのだが、地震は待ってくれなかったのである。過去の教訓が、防災対策に活かされないまま、東日本大震災に見舞われてしまったものといえよう。

「末の松山」と貞観地震

平安の昔から、数多くの和歌に詠みこまれてきた歌枕の一つに、「末の松山」と呼ばれる名所がある。現在の宮城県多賀城市の一角にあるこの松山、実は、貞観地震と深い関わりがあって、災害を伝承することの大切さを今に伝えている。

「末の松山」は、多賀城の市街地の一角、JR仙石線の多賀城駅から徒歩10分ほどの所にある。寶國寺という臨済宗妙心寺派の寺の裏山、というよりも高台の端にあたっていて、樹齢500年近い数本のクロマツの高木が枝を連ねている。寺の向かいの小さな空地には、駐車場も整備されていて、今はささやかな観光スポットになっていることがわかる。

この「末の松山」が詠みこまれた和歌は、数多く存在するが、なかでも広く知られているのは、三十六歌仙の一人であり、清少納言の父でもある清原元輔の歌であろう。

末の松山（宮城県多賀城市）

「契りきな　かたみに袖を　しぼりつつ
末の松山　浪越さじとは」

『後拾遺《ごしゅうい》和歌集』に載るこの歌は、『小倉百人一首』に収められているので、知る人も多いと思われる。

「お互いに涙で濡れた袖をしぼりあって、あの末の松山を、波が越えることがないのと同じように、私たちの愛も決して変わることはないと約束しましたのにね」という意味で、心変わりをした相手の女性に恨みを述べている歌である。

このいわば失恋した男性は、元輔自身ではなく、歌づくりにすぐれていた元輔が、その男性に頼まれて詠んだ代作とされている。

実は、この歌の元歌とされている古歌が、『古今和歌集』の東歌に載っている。

「君をおきて　あだし心を　わが持たば
　　　　末の松山　浪も越えなむ」

「あなたをさしおいて、私が他の人を思う心を持つようなことがあれば、波が越えないとされている末の松山をも、波が越えてしまうことでしょう」。

つまり、その松山を波が越えることがないくらい、私が心変わりをすることなどありえません、という誓いの歌なのである。

このほかにも、「末の松山」を詠みこんだ歌は、いくつもの和歌集に収められている。

「浦ちかく　ふりくる雪は　しら浪の
　　　　末の松山　こすかとぞ見る」（『拾遺和歌集』）

「いかにせん　末の松山　なみこさば
　　　　みねの初雪　消えもこそすれ」（『金葉和歌集』）

このように見てくると、「末の松山」は、平安の昔から広く知られる名所になっていて、しかも、波が松山を越えることは、まず「ありえない」ことであり、もし「波が越えた」なら、それは「ありえない」事態が起きたことを意味しているものと理解できるのである。

「末の松山」を波が越えない、その波というのは、いうまでもなく「津波」を指している。その大津波をもたらした地震こそ、貞観地震だったのである。

貞観地震の発生は８６９年であり、東歌の載る古今和歌集が編纂されたのは９０５年であるから、それほど時を経てはいない。貞観の津波が「末の松山」を越えることはなかったという伝承が、松山の松の美しさとともに、京の都に伝わり、多くの和歌が生まれたものと考えられる。

その代表的ともいえる清原元輔の「契りきな――」の歌は、９５１年の作とされているので、貞観の津波から82年後のことであった。

以後多くの文人や歌人が「末の松山」を訪れ、和歌や文章に筆跡を残している。

江戸時代の元禄年間には、松尾芭蕉が、『奥の細道』の旅の途次、「末の松山」を訪れている。

「それより野田の玉川・沖の石を尋ぬ。末の松山は寺を造りて末松山《まつしょうざん》といふ。松のあひあひ皆墓原にて、羽をかはし枝をつらぬる契りの末も、つひにはかくのごときと、悲しさもまさりて、塩釜の浦に入相の鐘を聞く」

ここでいう「末松山」とは、「末の松山」がある「末松山寶國寺」のことである。

『奥の細道』によれば、松林のあいだは、みな寶國寺の墓場になっていて、仲むつまじい夫婦の未来も、いつかはこうなってしまうのかと思うと、悲しさもひとしお増すのだと、芭蕉は嘆息しているのである。現在も「末の松山」は、寶國寺の墓地になっている。

貞観地震による津波が越えることはなかったと伝えられてきた「末の松山」、2011年の東日本大震災のときにも、周辺の市街地は2メートル近く浸水したにもかかわらず、津波はこの松山の麓を左右に分かれて流れ、やはり「末の松山　浪越さじ」であったという。

こうして見てくると、1、100年以上も前、貞観年間からの言い伝えが、現代に生きているということが、あらためて示されたものといえよう。災害文化を、末永く後世に伝承することの大切さを物語るエピソードである。

激しかった貞観年間

平安時代の貞観年間は、地震や噴火などによる大規模な災害の続発した時代であった。

貞観6年（864年）には、富士山が大噴火した。「貞観の大噴火」と呼ばれ、有史以来最大規模の噴火と位置づけられている。北西山腹に流出した大量の溶岩が、民家を埋め、本栖湖や剗《せ》の湖《うみ》に流入した。剗の湖は、溶岩流によって分断され、現在の西湖と精進湖になった。このときの溶岩流は、いま「青木ヶ原溶岩」と呼ばれている。

貞観9年（８６７年）には、別府の鶴見岳が噴火して、大量の噴石を降下させるとともに、新たに温泉を湧出し、溢れでた温泉水によって、無数の魚が死んだと伝えられる。

貞観10年7月8日（８６８年8月3日）には、播磨《はりま》の国で大地震が発生した。『日本三代実録』によれば、播磨の国からの報告として、「大地が大いに震動して、諸国の官舎や定額寺の堂塔が、悉く崩れ倒壊した」と記されている。M7クラスの内陸直下地震で、第一級の活断層として知られる山崎《やまさき》断層の活動によるものと推定されている。

貞観13年（８７１年）には、鳥海山が噴火して泥流災害が発生、貞観16年（８７４年）には、九州南端の開聞岳が大噴火して降灰による被害を生じている。

このように、貞観年間は、日本列島激動の時代だったのである。

京都祇園祭の原点

京都の夏の風物詩である八坂神社の祇園祭は、その起源をたずねると、貞観の地震津波災害に起因するものらしい。

この時代、前述のように大規模な災害をもたらす大地の変動が相次いだうえに、疫病も流行して多くの死者がでていたことから、人心の動揺が著しかった。

とりわけ、貞観地震による災害の状況が京の都に伝えられたとき、人びとの恐怖感はますます増大し、悪霊を鎮めるための「祇園御霊会《ごりょうえ》」が催されたという。貞観地震からわずか12日後のことであった。

このとき、日本全国66の国になぞらえて、66本の鉾を立て、悪霊祓いをしたのが、祇園祭の山鉾の起源といわれている。

大災害が、華やかな文化として伝承されている一例ともいえよう。

第2章　三陸を襲った地震と津波

1　江戸時代の津波災害

前章で取り上げた貞観の地震・津波以降も、三陸の沿岸は、たびたび大規模な災害に見舞われてきた。現存する資料から判断すると、平均して46年に1回の割合で津波の洗礼を受けているという。まさに津波常襲地帯なのである。

太平洋プレートが、日本列島を乗せる北米プレートの下に沈みこんでいる三陸の沖合いでは、陸側のプレートが跳ね返っては大地震を起こし、そのたびに大津波が発生する。

17～19世紀の三陸津波

江戸時代だけを見ても、大きな災害をもたらした津波としては、以下の諸例が挙げられる。

1611年12月2日（慶長16年10月28日）、この日は朝から群発地震が続いており、10時ごろに最大の地震があった。津波を発生させた地震は、13時半ごろのもので、陸上での揺れは比較的弱く、震害はほとんどなかったのだが、14時ごろに大津波が沿岸各地に襲いかかってきた。

仙台藩・伊達政宗の領内で死者1、783人、宮古では、人家1、100戸のうち、6戸を残してすべて流失し、水死者110人。大槌で800人、津軽石で150人などとする報告がある。津波は仙台平野をも洗い、岩沼では家屋が残らず流失したという。相馬領でも死者700人を数えた。

この1611年の津波はかなり大規模なもので、地震学者の今村明恒博士は、明治三陸地震津波（1896年）を凌ぐほどのものではなかったかと推測している。

1677年4月13日（延宝5年3月12日）、三陸はるか沖を震源として、M8・0の地震が発生、約1時間後に津波が沿岸を襲い、宮古や大槌、鍬ヶ崎などで、家屋70戸あまりが流失した。

1793年2月17日（寛政5年1月7日）、三陸はるか沖を震源として、M8・2の巨大地震が発生した。この地震のさい、強震に見舞われた仙台市では、1、060戸あまりの家屋が倒壊し、12人が圧死した。

津波は10時ごろ、三陸沿岸の広範囲にわたって襲来し、多数の死者がでたと報告されている。津波の高さは、両石で4～5メートル、大船渡や長部《おさべ》（現・陸前高田市）で3メートルであった。気仙沼や綾里《りょうり》などでは、津波によって、それぞれ70〜80戸が流失した。被災地全体で、倒壊あるいは流失した家屋は1、730戸あまり、死者44人以上とされている。

地震の規模のわりに犠牲者が少なかったのは、津波の襲来したのが昼間だったことが挙げられる。もし夜であったなら、救助活動も停滞し、さらに多くの犠牲者がでていたに違いない。

1856年8月23日（安政3年7月23日）、八戸沖を震源として、M7・5の地震が発生、津波が北海道南岸から三陸沿岸を襲った。津波は4回にわたって襲来したという。波高は、函館で約3メートル、大槌村で約4メートル、南部藩だけで、家屋93戸が流失した。

2　明治三陸地震津波

節句の夜の大津波

1896年（明治29年）6月15日の19時半ごろ、三陸沿岸の人びとは、ゆらゆらとした弱い地震の揺れを感じた。現在の気象庁の震度階では、せいぜい2か3程度だったと思われる。

地震の震源は、三陸の沖合い200キロ前後の海底で、地震の規模は、津波を考慮に入れた場合、M8・2前後だったと推定されている。

しかし、陸上での揺れが弱かったために、おおかたの人は気にとめることもなかった。折しもこの日は旧暦の5月5日、端午の節句にあたっていたため、沿岸の各地では祝いの酒を酌みかわすなど、宴会が開かれていた。なかには、前年に勝利をおさめた日清戦争からの凱旋兵士を囲んで、祝賀会を開いている地区もあった。博打に夢中になっていたグループもあったという。

そこへ、地震から30分あまり経ったころ、大音響とともに大津波が襲ってきたのである。まさに、不意打ちの津波襲来であった。

人も家も、たちまち渦巻く波に呑みこまれ、沿岸の集落のほとんどが瞬時に壊滅してしまった。さらに津波は、2波、3波と襲来し、沿岸地域をなめつくした。第2波が最も高く、第1波から辛うじて残された家屋も洗い去られてしまった。

このときの津波の高さは、平均数メートルから20メートル以上に達しており、岩手県綾里村（現・大船渡市三陸町綾里）では、38・2メートルの遡上高を記録している。

岩手県山田町では、800戸のうち700戸が流失し、流死者約1、000人を数えたという。岩手県田老村（現・宮古市田老地区）では、人口の8割以上が犠牲になるなど、沿岸町村のほとんどで、人口の半数以上が失われている。

大津波の惨状を伝える悲話の数々

三陸町出身の作家で、津波研究家としても知られていた故・山下文男氏は、1995年、明治三陸大津波の百年忌を迎えるにあたって、沿岸各地に残されている災害当時の絵画や写真を精力的に集め、『写真と絵で見る――明治三陸大津波』を編集刊行した。

そこには、「津波、家屋を破壊し人畜を流亡するの図」、「孝女、天の助けにより病中の父母を救ふの図」、「危機一髪、親子、相離れるの図」など、当時の画家の筆による生々しい絵図が集録されている。

津波、家屋を破壊し人畜を流亡するの図
（冨岡永洗画）

この本に寄せられている山下文男氏の解説文の一部を紹介しよう。

「一族郎党、あるいは友人・知人が集いあって酒盛り中の家、結婚式を挙げている家、男たちが三々五々集まって来て博打に夢中になっていた大網の番屋、中には、胸に勲章を下げた凱旋兵士を迎えて祝賀大会を催している町もありました。

そんな最中に、突如、表のほうでドドォーンという大きな音が二三度しました。あれっ、何だろう、人びとがそう思ったときには、もうバリバリっと、家々を蹴り倒すような勢いで、山のような大波がおし寄せ、直撃されていました。たちまち、三陸沿岸の村々は、人も家も舟も、すべてが狂瀾怒濤によって捲きつくされ、阿鼻叫喚の巷となってしまいました。わずか30分から1時間ぐらいのことでした」

宮城県歌津村のある家では、結婚披露宴が開かれており、新郎新婦が三三九度の盃を上げているさなかに大津波に襲われた。花嫁をはじめとして、家人も来客もすべて流死したなかで、花婿一人だけが幸運にも助かった。しかし、すべてを失った衝撃から、彼はその後精神に障害をきたしてしまい、人びとの涙をさそったという。

結婚披露宴の最中に津波に襲われた（宮城県歌津村）

宮城県十五浜村には、刑務所の出張所があり、195人の囚人が収監されていた。「津波だ！」という声とともに、看守の機転によって全員を解放したのだが、生き残ったのは34人だけで、看守8人も津波の犠牲になった。

岩手県の大槌町では、9人の凱旋兵士を迎えて、昼から歓迎の花火大会を催し、たいへんな賑わいようであった。20時ごろ、４発目の花火を打ち上げ終わったとき、沖の方で百雷の一時に落ちるような海鳴りが、2回にわたって聞こえたかと思うと、大山の崩れるような怒涛が押し寄せ、祝賀会場をなめつくした。そのため、数百人の見物人とともに、凱旋兵士２人も無残な死を遂げたという。

岩手県重茂《おもえ》村の漁師４人は、沖へ漁に出ていて、津波が村を襲ったことを知らなかった。日が暮れたので、４人は帰港するため、暗闇のなかを岸に向かって漕いでいると、家々の残骸が次々と流れてくるばかりか、海面のここかしこで人声がする。「さては、かねがね聞いている船幽霊にちがいない。海中に引きずりこまれるかもしれない」と思い、一同じっと声をひそめていた。

一方、海上を漂っている人びとは、大声をあげて、船に助けを求めているのだが、漁師たちの反応がまったくない。そのうちに、漂流している人びとのなかから「俺は助役の山崎だぞ！」という声が聞こえたため、船上の漁師たちもようやく異変に気づき、救助をはじめたという。

このように、津波が襲来した夜には、多くの村人が漁のため沖に出ており、沖合いでの津波体験がいくつか報告されている。

たとえば『巌手公報』には、「当夜は、漁夫40人ほどが赤魚や目抜魚の漁に、5、6隻の船で出ていた。沖合いで網を張っていたところ、北から南に向かって黒線が突き抜けたと思いきや、網がグラグラと揺れ、せっかく捕らえた魚が逃げてしまった。何ごとかと顔を見合わせて不審に思ったが、別段危険はなかったので、翌朝岸に戻ったところ、津波来襲後のあまりの惨状に驚き、呆然となった」と書かれている。

犠牲者2万2、000人

恐怖の一夜が明けたとき、すっかり変わりはてた村々の姿が、生き残った人びとの眼前に広がっていた。前日まで軒を連ねていた集落の跡には、家々の土台石だけが残っていて、家屋は跡形もなく流失していた。

浜は見渡すかぎり家々の残骸で埋まり、遺体がいたる所に散乱していた。この日、海に浮かぶ無数の遺体を、地引き網を使って引き上げた。しかし、遺体の数があまりにも多かったため、何回にもわけて引き上げざるをえなかったという。

釜石では、寺の門前に身元不明の遺体が、次々と運びこまれてきた。しかし、遺体の傷みが激しいため、誰であるかを見分けることができず、「心あたりの者は就いて見るべし」という立て札が立てられたという。

前夜から沖へ漁に出ていた船も、漂流物のあいだを縫うようにして戻ってきたのだが、帰ってみれば住んでいた家も村もなく、あまりの変貌ぶりに漁師たちはただ茫然とするばかりであった。

この明治三陸地震津波による死者・行方不明者の数は、約２万２、０００人とされており、日本の歴史上、最大の犠牲者をだした津波災害であった。

『三陸大海嘯岩手県沿岸被害調査表』によれば、岩手県の田老村では、人口２、２４８人のうち死者１、８６７人、唐丹《とうに》村では、２、５３５人のうち１、６８４人、綾里村では、２、２５１人のうち１、２６９人、釜石町では、６、９８６人のうち３、７６５人に達している。なかでも田老村では、住民の８割以上が犠牲になったことになる。

津波地震の脅威

当時の雑誌『風俗画報』には、宮古測候所長の談話が載っている。

「地震は微弱だったが、合計13回ほどあった。その後7時50分ごろに、潮が異常な速さで引きはじめ、同時に、遠くで雷の鳴るような音を聞いた。8時7分に約4・5メートルの津波が来襲し、人畜家屋が流失してしまった。津波はその後6回にわたって繰り返し、海面の振動は、翌日の正午ごろまで続いた」。

この宮古測候所長の談話に、「地震は微弱だったが――」と記されているが、実は、津波をもたらした地震の揺れは弱かったのである。

したがって、沿岸住民はゆるやかな地震動を感じていたものの、津波の襲来を予想した人はほとんどいなかった。地震の揺れにさえ気づかなかった人も少なくない。

三陸の沿岸は、昔からしばしば津波災害に見舞われてきたのだから、沿岸の集落にも「地震を感じたら、まず津波に注意」という言い伝えはあったはずである。だから、もし明治の大津波を起こした地震の揺れが、もっと強いものであったなら、人びとはすぐに避難行動を起こしていたにちがいない。

このように、地震の揺れがそれほど強くなくても、大津波だけを発生させるようなタイプの地震は、「津波地震」と呼ばれている。

近年の事例としては、1992年9月2日、中米ニカラグアの太平洋沿岸を襲った大津波が挙げられる。このときの地震の規模はM7・2だったが、沿岸各地での震度は、日本の気象庁の震度階にすれば、せいぜい1から2にすぎなかった。にもかかわらず、沿岸約200キロにわたって4メートルをこえる大津波が襲来したのである。波高が10メートルに達した所もあったという。

また、1975年6月10日、M6・8の地震によって、北方領土の色丹島を5・5メートルの津波が襲ったが、北海道の根室や釧路では、わずかに震度1であった。

これらは、いずれも典型的な津波地震だったのである。

そもそも津波という現象は、海底下の地震によって、海底の地形が隆起したり沈降したりすると、その変動が生きうつしに海面に伝わり、そこが津波の波源となって四方八方へと伝播していくものである。

このとき、地震を発生させる海底下の断層破壊が急速に起きれば、陸上では強い地震の揺れを感じることになる。

しかし、時によっては、断層破壊がゆっくりと時間をかけて進行することがある。この場合、陸上では強い揺れを感じることはない。このような地震が海底下で発生しても、破壊の起きた断層面の面積は、急速な破壊が起きたときと変わらないので、海底地形は、ゆっくりとではあるが同じように変動し、津波も同じように発生することになる。

これが、津波地震発生のしくみである。断層がヌルヌルと動くので、俗称「ヌルヌル地震」ともいわれている。

「地震の揺れが弱くても、大津波の来ることがある」という現実は、防災上きわめて重要な視点である。過去100年ほどのあいだに、日本の沿岸を襲った津波のうち約10パーセントは、津波地震によるものだったという指摘もある。

津波地震は、津波を予報するうえでも厄介な問題である。気象庁では、ヌルヌルと起きる地震が発する長周期の地震波を、いち早く捉えて津波予報に結びつけるための技術開発を進めているところである。

また沿岸住民も、揺れは弱いものの、ゆらゆらとした奇妙な地震を感じたなら、津波の襲来を予想して避難行動に結びつける意識が大切であろう。

3　昭和三陸地震津波

三陸沿岸の津波被害

1933年（昭和8年）3月3日、東北地方の三陸沿岸は、またも大津波に見舞われた。未明の2時31分、三陸沖約200キロの海底下で、M8・1の巨大地震が発生、大津波が北海道南岸から三陸の沿岸に押し寄せたのである。

この地震は、日本列島の下に沈みこむ太平洋プレートの内部が割れて起きた正断層型の地震であった。

宮古や仙台、石巻などで震度5を観測したが、地震そのものによる被害は比較的少なく、一部で崖が崩れたり、石垣や堤防などが決壊、建物の壁に亀裂が入る程度であった。

しかし三陸の沿岸では、地震のあと、海水が急に引きはじめた。このとき、海底の砂礫が、水の流れとともにザワザワと音を立てていたのを、多くの人が聞いている。そして、地震発生から30分ほど経ったころ、山のような大津波が襲来したのである。津波はたちまち沿岸の集落を呑みこみ、家々を洗い去ってしまった。

津波の波高は、北海道沿岸で1〜5メートル、青森県の沿岸で1〜6メートル、岩手県沿岸では4〜20メートル、綾里湾のように28・7メートルの遡上高を記録した所もある。宮城県沿岸でも、2〜10メートルに達している。

津波による被害は、岩手県の沿岸がとくに甚大で、田老村では、362戸うち358戸が流失し、1、798人のうち763人が死亡した。人口に対する死亡率は42パーセントに達している。

三陸沿岸を中心とする被災地全体で、家屋の流失4、034戸、倒壊1、818戸、死者・行方不明者3、064人を数えた。

東京朝日新聞の記者が、この田老村を取材したときの記事によると、「田老村は、すっかり波に持っていかれて、原始の砂浜と化していた。人家はもちろん土台石ひとつ見あたらない――役場の手前1町ほどの所に、死体が１００以上も折り重なって集められている――妻を求め、子を求めて、放心しているように歩いている人もいる――わけても哀れなのは、母親が幼児をひしと抱きしめて死んでいるのや、あるいは子どもをすっぽりと波に抜きとられても、抱きしめたままの恰好で死んでいる母親の姿だ」と記されている。

津波と火災に見舞われた岩手県釜石町

　田老村では火災も発生した。40戸ほどが、燃えながら津波に流されていったという目撃証言もある。「家が流されていく途中で、ランプが倒れて火事になった」という噂もあった。津波に流された40人以上が、溺死ではなく焼死したとも伝えられている。焼けて流れてきた家に触れて焼死したものであろう。

　釜石町（現・釜石市）では、広域火災になった。津波が繰り返し襲ってくるなかで、町内の2か所から出火して燃えひろがり、３００戸ほどが焼失したといわれる。出火原因は不明とされているが、地震とともに起きた停電が復旧してからの出火だったので、漏電が原因だった可能性も疑われている。

明治津波の体験

昭和三陸地震津波は、１８９６年に約2万2、０００人もの犠牲者をだした明治三陸地震津波から37年後の出来事であった。

そのため、多くの大人たちが、恐ろしかった当時の体験を記憶していたり、親や近隣の古老などから、津波災害の惨状を聞き知っていたために、強い地震が発生したとき、津波の襲来を予想して、すぐ避難行動を起こしたという。

地震が起きたとき、真夜中の2時半という厳しい寒さのなかで、人びとは海岸に出て、海の様子を監視しはじめた。そして、海水が沖へ引いていくのを見たとき、大声を上げたり、半鐘を打ち鳴らしたりして、住民に避難を促した。その機転によって、どれだけの人命が救われたかわからない。

また、明治の津波のときとは異なり、ラジオ放送による情報伝達手段の進展、電信・電話など通信施設の発達などが効果を発揮したという。

その一方で、強い地震を感じながら、逃げようとしない人びとがいた。なぜだったのか。

実は、37年前に起きた明治の津波は、「津波地震」によるもので、地震の揺れが弱かったにもかかわらず、大津波が襲来して沿岸の町村を洗い去っていた。

このときの体験から、一部の住民のあいだでは、「地震の揺れが弱いと津波は大きい。地震が強いと津波は小さい」という誤った言い伝えが生まれていた。そのため、「今度は強い地震だったから、津波は大丈夫！」と勝手に解釈して避難しなかったために、命を落とした人もあったという。

過去の災害体験が、マイナスに働いた事例といえよう。

そのうえ、明治の大津波が襲来した6月15日は、旧暦の5月5日、つまり「端午の節句」にあたっており、昭和の大津波は、3月3日の「桃の節句」だったことから、津波は「節句の厄日」に来るというジンクスさえ生まれたという。

巨大防潮堤の建設

明治の大津波災害のあと、三陸沿岸の町村では、いつか再来するにちがいない津波から逃れるために、多くの世帯が高台に移転していた。

しかし、漁民にとって、海から離れて暮らすことは不便きわまりない。車もほとんどない時代だったから、漁に出るたびに、高台の家と港とのあいだを、徒歩で往復しなければならなかった。また、長年住みなれてきた海辺の土地への愛着もあった。そのうえ、唐丹村のように、山火事によって、高台へ移転していた家屋の大部分を焼失してしまった所もある。

こうして、いったんは高台に移り住んだ人びとも、おいおい元の海辺の土地へと戻ってきていた。明治の大津波で被災した地域に、次々と住宅が再建され、災害前とほとんど変わらない集落がつくられていった。そして、37年後の１９３３年、再び大津波による災害を蒙る羽目になったのである。

日本一ともいわれた田老の防波堤

昭和の大津波災害のあと、三陸沿岸の各地では、集落を再び高台に移転させたり、防潮堤の築造や避難道路の整備など、津波防災対策が進められることになった。

とくに、明治と昭和の大津波によって大災害となった岩手県田老村では、将来の大津波から村を守るために、防潮堤の建設に着手することになった。しかし、計画された防潮堤の規模があまりにも大きかったうえ、戦時を迎えたため、資金調達のめどが容易に立たず、ようやく昭和の津波から25年後の１９５８年、高さ７・

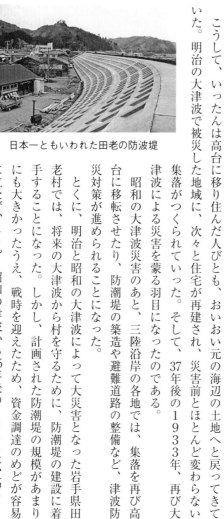

7メートルの最初の防潮堤が完成した。

この防潮堤は、1960年のチリ地震津波や、1968年十勝沖地震による津波から地区を守る役割を果たした。

さらにその後、増設が進められた結果、1979年、高さ10メートル、総延長2、433メートルという二重の防潮堤が完成した。「日本一の防潮堤」ともいわれ、海外から防災担当者が視察に訪れるほどであった。

ところが、2011年3月の東北地方太平洋沖地震による巨大津波は、この防潮堤をやすやすと乗りこえてしまった。田老地区だけで、約180人が津波の犠牲になったといわれる。日本一の防潮堤があるから安心、と思いこんでいて、避難が遅れた人もあったという。

いかに完全と思われる施設が造られていても、自然は、往々にして人間の予測を超えてしまうということが、あらためて認識されたともいえよう。

4　1978年宮城県沖地震

１９７８年（昭和53年）６月12日の17時14分、宮城県の金華山沖を震源として、Ｍ７・４の地震が発生した。

「宮城県沖地震」と名づけられたこの地震は、太平洋プレートと、東北日本を乗せている北米プレートとの境界で発生した地震であった。

この地震によって、大船渡市や石巻市、仙台市などで震度５の揺れを観測した。被害のほとんどは、仙台市をはじめとする宮城県下に集中し、家屋や道路、橋梁、鉄道などが被災した。北上川にかかる国道３４６号線の橋が落下した。仙台湾に面した企業の石油タンク３基が壊れて重油が流出したが、幸い出火にはいたらなかった。

被災地全体で、死者28人、家屋の全壊１、１８３戸、半壊５、５７４戸を数えている。

津波は観測されたものの、仙台新港で最大49センチにとどまり、津波による被害を生じることはなかった。

最も被害の大きかった仙台市では、電気、水道、都市ガスなど、ライフラインが断絶し、長期にわたって、市民生活に影響がでた。

水道の場合、75ミリ以上の径をもつ主要な水道管だけでも、30か所以上が破裂し、約7、000戸が断水した。給水車の前には、水を求めて集まる市民の長蛇の列が続いた。

前述のように、仙台市の震度は、体感によって5とされたが、被害の状況から見て、現在の計測震度計による観測であれば、震度6弱にはなっていたものと思われる。

死傷者を招いたブロック塀の倒壊

死者28人のうち18人は、ブロック塀や門柱などの倒壊による圧死者で、うち16人が、60歳以上の年配者や12歳以下の子どもたちであった。地震の発生が夕方だったため、下校途中の小学生や、買い物のために外出していた高齢者などが犠牲になったのである。

ブロック塀については、1970年の政令改正によって、縦横の鉄筋の間隔や、控え壁の設置などについて指定がなされていた。しかし、改正以前の塀には遡及されなかったため、地震の揺れで倒れやすいブロック塀が多数存在していたのである。

宮城県沖地震を契機に、全国でブロック塀の耐震性について、緊急点検が行われ、改善も進められてきたのだが、決して十分とはいえないのが現状である。現実に、その後に起きた1987年千葉県東方沖地震や、2005年福岡県西方沖地震などで、ブロック塀の倒壊による死者がでている。

新興開発地に集中した被害

宮城県沖地震による災害は、人口50万を超える近代都市が初めて受けた震災であり、また人災的要素のきわめて大きい災害であった。

過去に、宮城県沖地震に類似した地震としては、1936年（昭和11年）11月3日に発生した地震（M7・4）が挙げられる。この地震は、一つ前の宮城県沖地震とも考えられているが、地震による被害は、『理科年表』によれば、「宮城・福島両県で非住家全壊3、その他の小被害、小津波があった」と記されているだけである。

つまり、1978年宮城県沖地震の40年あまり前に起きたこの地震は、ほぼ同規模だったにもかかわらず、死者もなく、わずかに土蔵や倉庫のような非住家が3つ全壊しただけだったのである。この違いは、いったいなぜ生じたのだろうか。1936年当時の仙台が、まだそれほどの大都市ではなかったことも、一因であることはいうまでもない。

しかし、宮城県沖地震による仙台市の被害分布を見ると、江戸時代から人が住んできた、古町とも呼ばれる中心部の被害は比較的軽微だったのにひきかえ、それを取りまくようにして、周辺部に被害の集中していたことがわかる。

これらの地域は、戦後の経済成長期に発展してきた新興の開発地であり、仙台市東部の水田だった所を、埋め立てて造成された流通団地や、北部から南西部にかけての丘陵地帯に、仙台市のベッドタウンとして開発されてきた新しい住宅地が大きく被災したのである。

1階が潰れた大洋漁業のビル

つまり、42年前には存在しなかった大都市周辺の開発地が、選択的に被災したものといえよう。

水田の埋め立てによる人工地盤の上に開発された流通団地では、そこに誘致された各企業のビルで、1階部分が潰れてしまうという被害が目立った。

さらに深刻だったのは、緑ヶ丘など、都市周辺の丘陵造成地での被害である。

各所で、斜面崩壊や地すべりが発生し、その上に建てられていた多数のマイホームが、いわば足元をさらわれるようかたちとなって全壊したり、危険のため、取り壊さざるをえない羽目になったのである。高額なローンを抱えたまま、持ち家を失った世帯も少なくない。

開発が進められる前、これら丘陵地帯は、緑豊かな森林に覆われていた。しかし、都市圏の拡大とともに、膨れ上がる仙台市の人口を吸収するため、森林は伐採され、住宅地へと変えられていった。

このとき、かなりずさんな造成が行われたものと思われる。たとえば、丘陵を刻んでいた谷の部分に、大量の土砂を運びこんできて盛り土を行い、一見なめらかになった土地を雛壇式に開発して、宅地化していったのである。

このようにして造成された宅地が、見晴らしのよい高級住宅地として売りだされ、危険を潜在させたまま発展してきたといえよう。

そのような地域に、激しい地震動が襲いかかってきたとき、もともと丘陵を構成していた自然の地盤と、新たに盛り土して造られた地盤との性質の違いから、両者の境い目で斜面崩壊や地すべりが多発したのである。

この事実は、拙速な環境改変による都市周辺開発がもたらした悲劇であり、人災的側面のきわめて大きな災害だったと位置づけることができよう。いいかえれば、高度経済成長が招いた開発優先の思想に、大きな疑問を投げかけた震災でもあった。

切迫していた次の宮城県沖地震

歴史を振り返ると、宮城県沖の地震は、比較的短い間隔で発生してきたことがわかる。政府の地震調査委員会が、過去の地震について吟味したところ、宮城県沖地震の震源域では、18世紀末以降、6回の大地震が発生してきたと考えられた。

1793年、1835年、1861年、1897年、1936年、1978年である。

このうち、1793年（寛政5年）2月17日に起きた地震では、仙台領内で、家屋1、000戸あまりが倒壊し、沿岸に大津波が襲来して、1、730戸あまりが倒壊あるいは流失したと記録されている。この地震は、宮城県沖地震の震源域と、日本海溝寄りの震源域とが連動した巨大地震で、M8・2と推定されている。

上に挙げた6つの地震の発生間隔は、26・3～42・4年までの範囲となり、平均発生間隔は、37・1年となる。

このように、宮城県沖地震は、ほぼ規則正しい間隔をおいて発生してきており、21世紀に入った時点では、次の地震に向けての折り返し点を、すでに過ぎてしまっていると見られていたのである。

地震調査委員会の長期評価によると、2003年6月の時点で、宮城県沖地震が20年以内に発生する確率は88パーセント、30年以内では99パーセントと試算されていた。

つまり、次の宮城県沖地震の発生は、かなり切迫しているとされていたのである。しかも次の地震が、1793年の時のように、日本海溝寄りの震源域と連動することになれば、大津波の発生が予想され、大規模な災害がもたらされると懸念されていた。

そして、それから間もない2011年3月11日、東北地方の太平洋沖の海底で、宮城県沖地震の震源域を含む6つの震源域が連動して、「東北地方太平洋沖地震」（M9・0）という超巨大地震が発生し、大津波によって、「東日本大震災」と呼ばれる壊滅的な災害をもたらしたのである。

第3章　相模トラフ巨大地震

1　元禄の世を滅ぼした大地震

18世紀の初頭は、日本列島激動の時代であった。1703年元禄地震、1707年宝永地震と、2つの海溝型地震が、わずか4年の間隔をおいて発生したうえ、宝永地震の49日後には、富士山が大噴火したのである。

その激動期の皮切りとなった元禄地震は、まさに元禄の繁栄を終わらせる超巨大地震であった。各地に伝わる災害の記録や地形に残された証跡などから、元禄地震は明らかに相模トラフ巨大地震であり、1923年に発生した大正の関東地震の「一つ前の関東地震」と位置づけられている。

しかも、広範囲にわたった大津波や、房総半島南部での地盤隆起量などから、大正の関東地震よりもひとまわり大きく、震源域は房総半島のはるか沖合いまで及んでいたとされており、地震の規模は最大M8・2と推定されている。

古文書の記録

元禄地震が発生したのは、1703年12月31日（元禄16年11月23日）の未明であった。この地震による被害の状況については、『基熙《もとひろ》公記』や『甘露叢《かんろそう》』、『折たく柴の記』など多くの文書に詳しく記されている。

また、元禄〜宝永期の柳沢家の記録として知られる『楽只堂《らくしどう》年録』には、元禄地震による被害の模様が、総括的に記されている。

「今暁八つ半時稀有の大地震によりて吉保・吉里急て登城す、大手乃堀の水溢れて橋の上を越すによりて供乃士背にて負て過く――」

「今暁乃地震に、御城乃諸門石壁傾き又は崩れぬ、常盤橋・神田橋・一橋・雉子橋・外桜田・半蔵等の御門も同し、諸大名・旗本乃諸士の第宅・寺院・民家破損し倒れ潰る、事数多也――

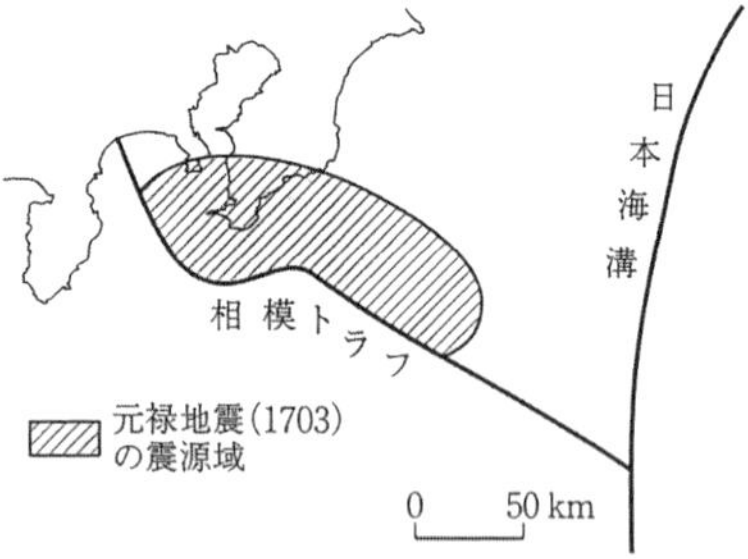

元禄地震の推定震源域

―」

「今暁乃地震武蔵・相模・安房・上総・下総・伊豆・甲斐七箇国にか丶れり、其中にてもわきてつよきは安房・相模にて相模乃小田原は城崩て火起り寺院民家残すくなく亡びぬ」

「同時大波東南の方より安房・上総・下総・伊豆・相模の海浜に入て民家を漂流し田畠を蕩亡す」

このあと、小田原、伊豆、甲府などの各地から届いた被害についての注進が列記されている。

この『楽只堂年録』によれば、元禄地震による死者の数は、全体で6、700人、全壊家屋と津波による流失家屋は、あわせて2万8、000軒となっている。

江戸の被害

江戸では、本所、神田、小石川あたりを中心に、多数の家屋が倒壊し、江戸城の石垣や櫓、門なども崩れ落ちた。

新井白石の自叙伝ともいうべき『折たく柴の記』には、地震直後の江戸市中の状況が描かれている。当時47歳だった白石は、甲府公綱豊（のちの6代将軍家宣《いえのぶ》）に仕え、湯島天神の下に居をかまえていた。

「十一月廿二日の夜半過るほどに、地おびた、しく震ひ始めて、目さめぬれば、腰の物どもとりて起出るに、ここかしこの戸障子皆たふれぬ」

地震の発生は、午前2時ごろであった。白石の家は崖の下にあったため、危険を感じた彼は家人を大庭に避難させた。それを見とどけてから、白石はすぐ衣服をあらため、2、3人の伴を連れて藩邸へと参上する。当時、甲府公の藩邸は、江戸城日比谷門外の角地にあった。

「神田の明神の東門の下に及びし比《ころ》に、地またおびた、しくふるふ。こ、らのあき人の家は、皆々打あけて、おほくの人の小路にあつまり居しが、家のうちに燈の見えしかば、家たふれなば、火こそ出べけれ。燈うちけすべきものをとよばはりてゆく」

頻発する余震によって、火災の発生することを恐れ、白石は注意を呼びかけていたのである。

「神田橋のこなたに至りぬれば、地またおびた、しく震ふ。おほくの箸を折るごとく、また蚊の聚《あつま》りなくごとくなる音のきこゆるは、家々のたふれて、人のさけぶ声なるべし。石垣の石走り土崩れ、塵起りて空を蔽ふ。『かくては橋も落ちぬ』と思ひしに、橋と台との間、三四尺許《ばかり》くづれしかば、跳《おど》りこえて門に入りしに、家々の腰板のはなれて、大路に横たはれる、長き帛《きぬ》の風に飄《ひるがへ》りしがごとし。龍口に至りて、遥に望みしに、藩邸に火起れり。その光の高からぬは、殿屋たふれて、火出し也と、いと覚束なくて、心はさきにはすれど、足はたゞ一所にあるやうに覚ゆ」

江戸城の内外で多くの家屋が倒れ、火災も発生していたのである。龍口（江戸城西丸下の和田倉門の付近）から望見された火災は、白石が懸念した殿屋の火災ではなく、藩邸の北にある長屋が倒れて出火したものであった。

「かくて、かの火出でしところにゆきて見るに、たふれし家に圧《おさ》れ死せしものどもを引出したる、こゝかしこにあり。井泉ことごとくつきて水なければ、火消すべきやうもあらず」

このほか、『折たく柴の記』には、大地震直後の江戸市中や藩邸内の状況が生々しく描写されていて、市内の混乱の様子を窺い知ることができる。

江戸では、地盤の軟弱な北の丸から水道橋、溜池から半蔵門、かつては入江だった日比谷などで、現在の震度階でいえば、震度6強～6弱の揺れに見舞われたものと推定される。

ただ幸いなことに、大正の関東地震の時とは異なり、地震によって直接生じた火災は少なかった。しかし、本震の6日後になって、小石川の水戸藩邸から出火、東から北東へと燃えひろがって、本震での被害が軽微だった本郷台地から湯島、下谷、さらには下町へと延焼していった。出火原因は不明だが、強い余震によって火のでた可能性が高い。

このとき、白石の自宅の背後にあたる崖の上の家屋にも延焼して、そのまま自宅の裏手に焼け落ちてきたことが、『折たく柴の記』に記されている。

甚大だった東海道筋の被害

元禄地震は、相模トラフを震源として発生した巨大地震だったため、被害はむしろ東海道に沿って、小田原、箱根あたりまでが著しかった。川崎、神奈川、藤沢などの宿場では、ほとんどの家屋が潰れ、平塚では、家4、5軒を残して全壊、大磯から小田原までは、家屋が1軒も残らないほどの壊滅状態だったという。

「小田原町、地震間モナク家居トモ潰ル、人馬大分押ニウタレタル上、焼失ニ付、死亡多シ」（『甘露叢』）

小田原の被害はとくに大きく、地震の直後、12か所から出火して町の大半を焼失し、小田原城の天守閣も焼け落ちてしまった。ちなみに、この天守閣は、2年後の1706年（宝永3年）に再建されたのだが、その由来を刻んだ石碑が、今も天守閣の中に保存陳列されている。

小田原から箱根にいたる街道筋では、各所で大石が転落したため、馬による通行ができなくなった。箱根山中でも、土砂崩れが多発して、徒歩で通行するのも難渋をきわめたという。

「須雲川観音沢ト申所ハ、山ノ上ヨリ土落、地震後十四五日ノ間ハ、地震ノ度々、少宛《スコシヅツ》石並土落候、箱根道所々ニ落候石、大キナルハ長サ七八尺、横五六尺程宛ノ石モ、数多見へ候由」（『甘露叢』）

いわば幹線であった東海道筋についての被害情報は、いち早く各地に伝えられた。将軍のお膝元である江戸の被害はもちろん、各宿場の被災状況は、危うく難を逃れた旅人などから口伝えに伝達されていった。したがって当時の文書には、東海道一帯の震害について、かなり詳しい記事が載っている。

それにひきかえ、上総、安房、伊豆など、当時としては不便な遠隔地からの情報は遅れ、それもかなり大まかなものであった。人びとが、江戸から小田原にかけての災害に注目している一方で、房総半島や伊豆半島東岸では、大災害が発生していたのである。

大津波襲来

元禄地震は、フィリピン海プレートが、関東地方を乗せている北米プレートの下に沈みこんでいる相模トラフで、陸側が跳ね返って発生した巨大地震であったから、当然のことながら大津波が発生して、房総半島から相模湾の沿岸を襲った。

相模湾では、鎌倉の被害が大きく、流死者は約６００人と伝えられ、鶴岡八幡宮の二ノ鳥居

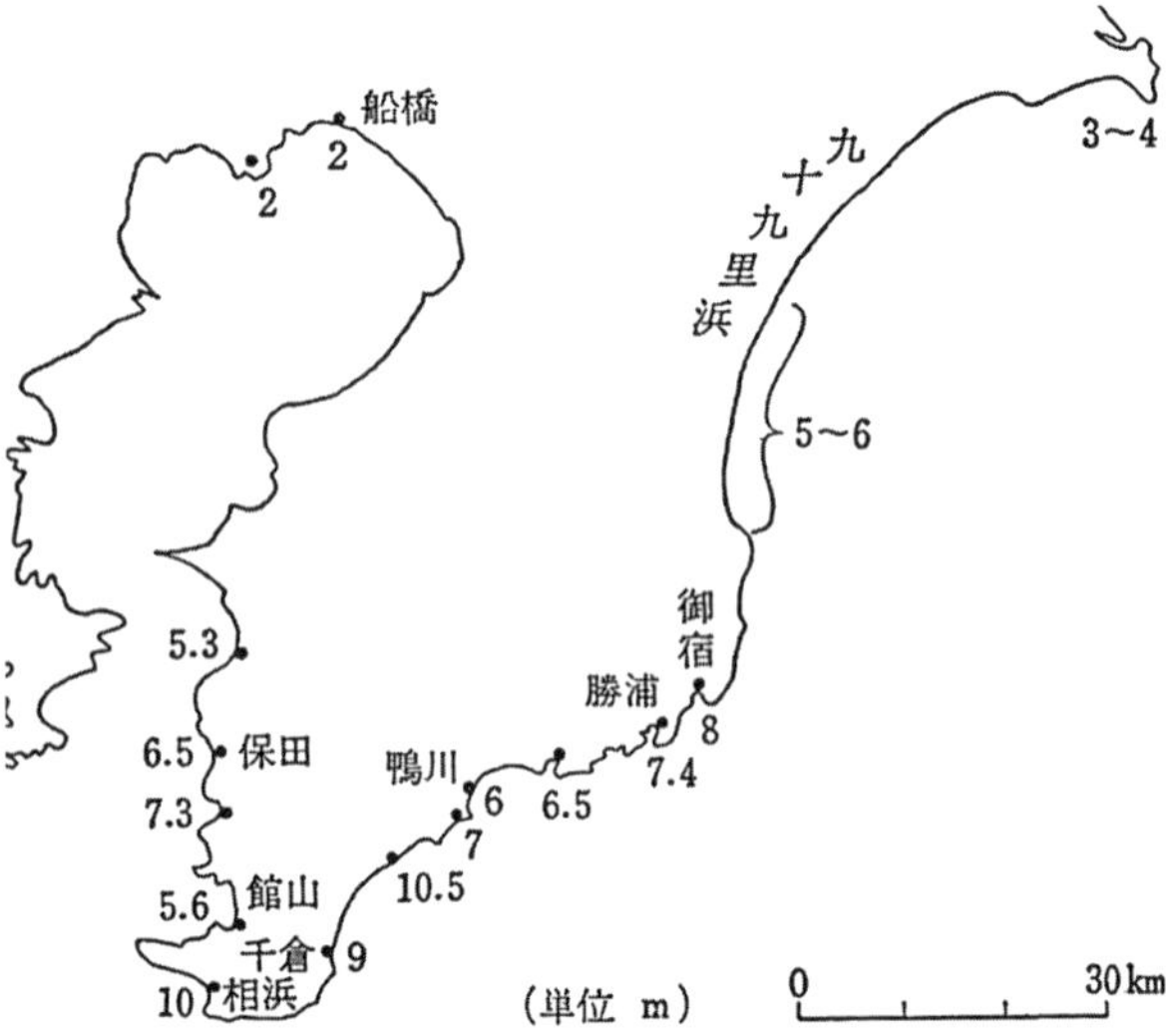

房総半島沿岸での津波の波高分布（羽鳥徳太郎氏による）

まで海水が押し寄せてきたという。

　伊豆半島の東岸も津波に洗われた。

「宇佐美・伊東・川奈筋　夥敷《おびただしく》津浪上り、浪打きわより八丁九丁十丁程岡え浪打掛り、浜辺の家々不残《のこらず》浪にさらはれ、人の死失候事不知数《かずをしらず》」（『大川文作所蔵記録』）

　とくに伊東では、津波が2キロあまりも川を遡上して、大災害となった。波高は12メートルにも達したらしい。伊東市内の寺に残る津波供養碑には、「当村水没男女百六十三人」と記されている。

　大津波によって甚大な災害を蒙ったのは、房総半島の沿岸であった。九十九里浜から南へ外房の沿岸、さらには内房の富津あたりまで、5～10メートルの大津波に襲われた。

安房郡和田町真浦《もうら》に、威徳院という名の寺がある。この寺は、現在のJR内房線の線路より上にあり、線路ぎわから17段の石段を上っていくのだが、津波は上から4段目の所まで来たと伝えられる。津波学者の羽鳥徳太郎氏によれば、ここでの波高は10・5メートルに達しており、知られるかぎり、これが房総半島沿岸での最大波高であるらしい。

九十九里浜や南房総の沿岸には、各所に津波供養碑や無縁塚、千人塚などが残されていて、津波がいかに大量死を招く現象であるかを物語っている。

館山市相浜・蓮寿院にある
津波供養塔

威徳院の境内にある供養碑には、真浦だけで80人あまりの溺死者がでたと記されている。長生村一松《ひとつまつ》の本興寺には、人の背丈よりも高い位牌があって、裏側には津波の犠牲になった村人の戒名が、びっしりと刻みこまれているのを見た記憶がある。

成東町蔵音寺に保存されている『百人塚由来記』には、大地震に続いて津波が襲来したときの状況が詳しく記されている。

「元禄十六癸未年、十一月二十二日の夜、晴天にして雲無く、三更の比《ころ》に大地の頻に震動して、諸人天地も倒るかと思へり。故家の忽ち破れ、山は崩れて、池は平地と成る。衆人大いに周章す。逃げ去らんと欲すれども、遁れる足を留めるべき地無し。爰《ここ》に災難尚を難を累《かさ》ぬ。海瀕の庶子等、海水の動波津に揚るとは努《ゆめ》思はず。処々に群集りて唯地震を歎く耳《のみ》」

突然の激震に、人びとが周章狼狽するありさまが記されている。まだこの時点では、津波が襲来するとは思っていなかったのだが、やがて山のような大津波が襲いかかってくる。

「磯部に艫を並べる漁船、浦辺に棟を列す漁師等、件《くだん》の津波に打被《やぶられ》破、落花微塵と成りて畢《をはる》。之に依りて、死人田畑堀江に満ち、畦畝に枕を並べる。時に及んで運命強き者、漸く命を全す。九十九里の溺死者都《すべ》て幾千万か知れず、当浦の溺死者九拾六人、終《つひ》に是を墓所に葬りて、百人塚と名す云々」

『白子町史』に載る『池上誠家文書』には、池上家の先祖の筆になる津波体験記が収録されている。

「サテ丑ノ刻バカリニ、大山ノ如クなる潮、上総九十九里ノ浜ニ打カカル、海ギワヨリ岡江一里計打カケ――（中略）――数千軒ノ家壊流、数万人ノ僧俗ノ男女、牛馬鶏犬マデ尽《ことごと》ク流溺死ス。或ハ木竹ニ取付助ル者モ冷コゴエ死ス、某《それがし》モ流レテ五位村十三人塚ノ杉ノ木ニ取付、既ニ冷テ死ス、夜明テ情アル者供藁火焼テ暖ルニヨツテイキイツル、希有ニシテ命計《ばかり》免レタリ、家財皆流失ス」

この人は、いったん津波によって流されたものの、杉の木に取りついて助かり、仮死状態になっていたところを、情けある人びとによって藁火で温められ、九死に一生を得たというのである。

元禄地震津波による死者は、房総半島の沿岸だけでも、6、500人をこえるだろうといわれている。

伊豆大島も津波に洗われた。大島北端の岡田港でも、人家58戸が流失、水死者56人を数えた。大島南端の波浮港は、天然の良港として知られているが、もともとは9世紀のマグマ水蒸気噴火によって生じた火口で、そこに地下水などが溜まって火口湖を形成していた。ところが、元禄地震の大津波によって、海側の火口縁が決壊し、海とつながってしまった。その後、18世紀末の寛政年間に、人手によって海底を掘り下げ、船の出入りができるようにしたため、波静かな

伊豆大島の波浮港

港に変身したのである。

つまり波浮の良港は、9世紀に起きた火山噴火と、元禄地震による大津波という地変の恵み（?）によって誕生したといえよう。

大規模な地盤隆起

房総半島南端の野島埼

元禄地震のもう一つの特徴は、大規模な地盤変動を伴ったことである。
房総半島の南端に、野島崎という岬がある。今は陸続きになっていて、小高い丘の上には、純白の灯台が建っている。海に突きでたこの岬は、もともと「野島」という名の小さな島であった。それが陸続きになったのは、元禄地震に伴う地盤の隆起によるものである。
地震とともに、房総半島の南端は大きく隆起した。隆起量は、最大5・5メートルにも達している。その結果、地震の前には海底だった所が、隆起して陸地に変わってしまった。

海底で波に洗われていた平坦な面が、陸化して段丘を形成したのである。このような段丘は、南房総の各地で認められており、「元禄段丘」と呼ばれている。

新たに生じた段丘は、人間にとっては平坦で利用しやすいため、その後多くの漁村が段丘上に発達してきた。館山市布良《めら》や相浜などの集落は、ほとんどが元禄段丘の上に形成されたものである。

元禄段丘上に集落が発達（館山市布良）
（1975年頃撮影）

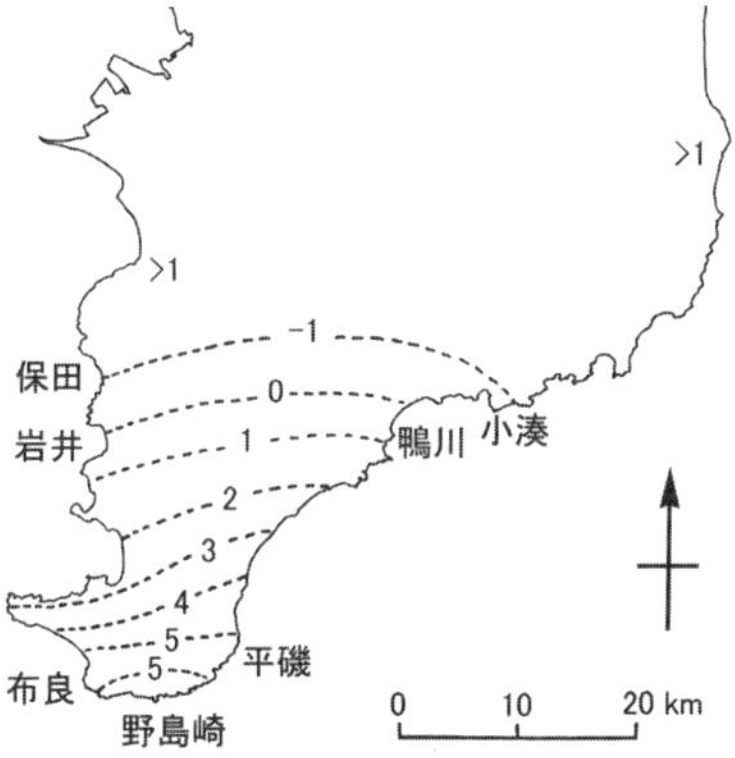

房総半島南部の地盤隆起量
（単位：m）

またＪＲ館山駅も、元禄段丘の上にあって、現在の海岸線から５００メートルほど内陸に入った位置にある。元禄地震以前の海岸線は、ほぼ現在の内房線の線路沿いにあったというから、昔は海底だった所に今は鉄道が走り、館山の市街地が発達してきたことになる。

このように、地震によって新たな陸地が形成されたため、さまざまな土地利用が進められてきた。地震が日本の国土を広げてくれたのである。それは、大地震がもたらしてくれた皮肉な恩恵ということができよう。

4段の海岸段丘

房総半島の南端付近で元禄段丘を観察してみると、さらに一つ上にも段丘のあることがわかる。元禄段丘と一つ上の段丘との境は、高さ4～5メートルの崖になっているが、そこが元禄地震以前の海岸線にあたる。元禄段丘の上は、よく房総名物の花畑などになっているが、かりにその花畑を海水で置きかえてみると、元禄地震以前の屈曲に富んだ入江の風景が想像される。

一つ上の段丘も、かつて元禄地震と同じような超巨大地震により隆起して、形成されたものにちがいない。

さらによく調べてみると、房総半島南端には、元禄段丘を含めて、計4段の海岸段丘が数えられる。その最高位の段丘は、サンゴ礁の化石を産することで知られる「沼層」という地層から成りたっている。この「沼」というのは、サンゴ礁の化石が見つかった館山市の地名である。

このいわゆる「沼段丘」は、標高25メートル前後で、ところどころ侵食されながらも、半島の南端を取りまくように分布している。

沼層は、今から６、５００年ほど前の縄文時代前期に、海底に堆積した地層であることがわかっている。縄文前期は、世界的に温暖な時代だったから、房総の海にもサンゴ礁が栄えていたのであろう。

つまり沼層は、それから６、５００年ほどのあいだに、25メートルの高さまで隆起してきたことになる。元禄段丘から沼段丘までの４段の段丘は、それぞれ大地震に伴う地盤の隆起によって形成されたものと考えられるから、単純に計算すれば、元禄地震級の超巨大地震が、平均１、５００年ほどの間隔で発生してきたことになろう。

「元禄」は地震で終わった

南関東一円に大災害をもたらした元禄地震は、さしも繁栄をきわめた元禄の世に終止符を打つ大地震であった。

元禄時代の末期には、将軍綱吉の専制政治に対する不満が高まり、世情は次第に不穏な様相を呈しつつあった。多額の浪費によって、幕府の財政は次第に窮乏し、それを救うための金銀の改鋳も、結果としては諸物価の高騰を招いて、庶民の生活を圧迫することになった。不安な世相を反映するかのように、元禄地震の1年前には、赤穂浪士による吉良邸討ち入りがあり、庶民は胸のすくような小気味よさを味わったという。

このように傾きかけていた元禄の世に、強烈な一撃を見舞ったのが元禄地震であった。しかもその余震は、年を越えても治まることなく、すっかり神経過敏になった幕府は、翌年「元禄」を「宝永」と改元することになる。まさに元禄の繁栄は、地震によって滅びたということができよう。

2　関東地震（関東大震災）

相模トラフで巨大地震発生

南関東に大災害をもたらし、10万5、000人あまりという、日本の歴史上、最大の犠牲者をだした関東地震（M7・9）が発生したのは、1923年（大正12年）の9月1日であった。

毎年この日が「防災の日」と定められているのは、この大震災を忘れず、将来に向けて、災害に備える心がまえを新たにする、いわばメモリアルデーだからである。

９月１日正午直前の11時58分32秒、相模湾の海底下で、とつぜん岩盤の破壊が始まった。大地震が発生したのである。12秒後の11時58分44秒、東京の中央気象台と東京帝国大学地震学教室に設置されていた地震計の針が、この地震を記録しはじめた。数秒後、針の動きは急激となり、いちだんと激しさを増す震動によって、ついに地震計の針は振りきれ、飛び散ってしまった。

この地震は、相模トラフで発生した海溝型の巨大地震であった。相模トラフは、相模湾の海底を北西〜南東方向に延びる海底の窪みで、水深は１、０００〜３、０００メートルあり、ここでは、北進してきたフィリピン海プレートが、東日本の陸地を乗せている北米プレートの下に、年間約４センチの速さで沈みこんでいる。

南関東の地下深くにまで沈みこんでいるフィリピン海プレートと、陸側の北米プレートとの接触面には、固着している部分があって、そこには徐々に歪みが蓄積していく。やがて、その歪みが限界に達すると、固着部が一気に剥がれてずれ動く。このとき、大規模な断層破壊が起こり、プレート境界の大地震が発生するのである。

このようなしくみで、相模トラフでは、昔から繰り返し巨大地震が発生してきた。１９２３年関東地震の一つ前の巨大地震は、前項で述べた１７０３年の元禄地震である。それから

220年を経て発生したのが関東地震であった。

関東地震の震源域は、広く南関東の地下にまで達し、震源断層の大きさは、長さ約130キロ、幅約70キロにも及んでいる。しかし、地震を発生させる断層破壊は、震源断層面で同時かつ一様に「すべり」を起こすのではなく、複数のすべりが相次いで起きて、一つの大地震を形成することが明らかになっている。

関東地震の場合、近年の地震波の解析などから、その本震は、断層すべりが2回にわたり起きていて、いわば双子地震だったと考えられるにいたった。最初の大きなすべりは小田原付近で発生し、その10~15秒後に第2のすべりが三浦半島付近で発生したとされている。

余震もM7クラス

東京や横浜などで関東地震を体験した人の手記や体験談によると、強い揺れが3回襲ってきたという。とくに2回目の揺れは、かなり強いものであった。

地球物理学者であり、随筆家としても名高い寺田寅彦は、上野の美術館で地震に遭遇した。その9月1日の日記には、「——話をして居る内に地震がやつて来た。中々大きいなと思つて見て居た。多くの人は便所の口から出てしまつた。しばらくして又大きいのが来たので、みんな残らず出た」と書かれている。

小説家の田山花袋は、関東地震の体験を記した『東京震災記』を著わしているが、その中で、地震発生時の状況ついて、次のように記している。このとき花袋は、昼食をすませて、家族と談笑しているところであった。

「そこにゴオといふ音が南の方から響いて来たのである。と、いつも地震などそんなにこわがらない長男が、ぐらぐらと来ると同時に、『オッ！地震』と叫んで、立上るより早く、一目散に戸外に飛び出した。弟も妹も母親もすぐそれにつゞいた。私は少時じつとして様子を見てゐたが、いつもと違つて、非常に大きいらしいのに、慌てゝ皆なのあとを追つて飛び出して行つた。——（中略）——女達は裏の竹藪の方へと遁げて行つたが、私と長男と次男とは、柿の樹と梅の樹とに身を凭《もた》せたまゝ、怒濤の中に漂つた舟でもあるかのやうに、自分の家屋のぐらぐらと動揺するをじつと見詰めた。此時、前の二階家の瓦は凄しい響を立てゝ、落ちた」

大揺れが治まったので、花袋が家の中を覗くと、壁が落ちていたり、大きな本箱が倒れて、多数の洋書が足の踏み場もないほど床に散らばっていた。そして彼は、裏の竹藪に向かって、もう大丈夫だから出てくるようにと言った。

「女達はそこから出て来た。と、それと同時に、あの二度目のやつがやつて来たのである。女達はまた急いで元の竹藪の方へと遁げた。

　この二度目のやつは大きかつた。或は最初のよりももつと大きかつたかも知れないと思はれるくらゐであつた。私はこれはとても駄目かと思つた。家屋は潰れると思つた。私は家屋がギイギイ言つて揺《ゆら》いてゐるのをじつと見つめた」

　また、詩人で評論家でもあった秋山清は、自伝『わが大正』（1977年）のなかで、関東地震を回想しながら、次のように記している。

「大正一二年の関東地震の時の大揺れは、この三回まであったと思う。だが三回のうちでも第一回目が一番猛烈で、上下、左右の動きが迅速だった。二回目は一回目よりも少し弱く、第三回目は二回目より大分弱かったと思う。だがその後、たびたび東京で私は地震に遭ったが、このときの三回目ほどのものはついぞ出遭わない」

　このほか多くの人が、関東地震のさい、強い揺れが3回襲ってきて、とくに2回目の揺れは、立っていられないほどで、最初の本震に匹敵するほど強烈だったと述べているのである。

　前述したように、関東地震の本震は双子地震だったらしいのだが、双子の地震であっても、短いあいだに断層すべりが続いているかぎりは、連続した一つの大地震の揺れと感じられるはずである。したがって、3回の大揺れのうち、最初の揺れは、双子の本震によるものだが、あとの２回は、かなり規模の大きな余震によるものと考えられている。

その後の解析から、２回目の大揺れをもたらした余震の発生は、12時１分ごろで、震源地は東京湾北部、規模はＭ７・２。３回目の揺れをもたらした余震は、12時３分ごろの発生で、震源地は山梨県東部、規模はＭ７・３と推定されている。

これら２つの余震を含め、Ｍ７・０をこえる余震は、全部で６個発生したことがわかっている。そのうち最大の余震は、９月２日の11時46分に房総半島南東沖で発生したＭ７・６であった。

１９９５年の１月に、阪神・淡路大震災を引き起こした兵庫県南部地震が、Ｍ７・３であったことを思えば、これらは余震といえども、兵庫県南部地震に匹敵、或いはそれを上まわる規模のものであったことが理解できよう。

史上空前の大災害

関東地震による災害は広範囲に及んだ。死者・行方不明者10万5、０００人あまりといわれ、日本の震災史上、飛びぬけて大きな人的被害をもたらした地震であった。

震度６の激震となった地域は、伊豆半島から神奈川県、山梨県の一部、東京府、房総半島にまで及んでいる（当時はまだ震度７は設定されていなかった）。

震源に近い小田原や平塚などでは、激しい揺れによって、多数の建物が倒壊し、橋も落ち、いたる所で崖崩れが発生した。小田原では、東海道線の蒸気機関車が転覆、茅ヶ崎と平塚のあいだに架かる相模川の鉄橋は、十数片に千切れて落下した。

小田原城の石垣も崩壊、箱根でも８６０戸あまりが倒壊し、旅館が谷底に落ちて粉々に砕けてしまったと伝えられる。

鎌倉では、長谷の大仏が40センチほど前にせり出したうえ、約30センチ沈下した。房総半島南西部の被害も甚大で、館山では、１、７００戸あった家屋のうち9割以上が倒壊した。

８階から上が倒壊した凌雲閣（浅草十二階）

東京や横浜などの大都市では、無数の木造家屋とともに、煉瓦造りや石造りのビルも倒壊した。とくに横浜では、官庁や裁判所、ホテルなどが倒壊し、ホテルに宿泊していた外国人が圧死したといわれる。

東京では、浅草の象徴でもあった凌雲閣、通称「十二階」の崩壊が有名である。高さ52メートルのこのビルは、10階までが煉瓦造り、11階と12階が木造だったが、８階から上が折れるように崩れ落ちてしまった。
家屋の全壊数は、東京府で２万戸あまり、神奈川県下では、約６万３、０００戸に達している。

猛火がまちを包んだ

災害の規模をさらに拡大したのは、東京の下町や横浜の市街地をなめつくした広域火災であった。犠牲者の９割以上が焼死者だったことは、地震火災の脅威を如実に物語っている。

関東地震の発生した１９２３年９月１日は土曜日であった。いわゆる「半ドン」で、会社勤めの人は、帰り支度をしていたし、二学期の始業式を終えた小学生たちも、おおかたは帰宅していた。

地震の発生が正午直前であったた

東京・銀座の惨状

横浜も焼け野原に

め、多くの家庭では、かまどや七輪に火を起こして、昼食の準備にとりかかっていた。飲食店でも、来客に備えて火を使いはじめていた。

そこへ激震が襲いかかってきたのである。狼狽した人びとは、火を消すいとまもなく、逃げだすのが精いっぱいであった。倒壊した家では、建材や家具が七輪などの上に落下したため、火災が発生した。天ぷら油が鍋からこぼれ、引火した例も少なくない。また、学校の実験室や薬局、化学工場などでは、薬品類が棚から落ちて出火した。

警視庁も焼失

東京市内15区だけでも、130か所あまりから出火したのだが、とりわけ浅草、下谷、本所、深川など、下町各区からの出火が目立っている。東京の下町は、地盤の軟弱な沖積平野の上に発達しているため、激しい地震動によって多くの木造家屋が倒壊し、たちまち火災が発生したのである。

気象の運も悪かった。この日は、早朝に能登半島を通過した台風が、日本海沿岸から東北地方の南部を横断して、太平洋に抜けようとしていた。地震が起きたころには、台風はやや弱まって、温帯低気圧に変わっていた可能性もあるが、それに向かって強い南風が吹きつけており、東京周辺では、風速10メートル以上にも達していたという。

１３０か所あまりの出火点のうち、半分近くは、消防関係者や市民の手によって消し止められたが、残りは折からの強風に煽られ、たちまち燃えひろがっていった。

しかも、火災現場からの飛び火が、次々と新たな出火を招き、やがて延焼火災は、巨大な火の帯となって移動しはじめた。木造家屋の密集地域だっただけに、火のまわりが早く、町から町へと猛火に包まれていく結果になった。

そのうえ、ほとんどの水道管が地震で破壊されていたため、消火手段が失われたかたちとなり、手のくだしようのない状況のなかで、ただ燃えひろがるに任せるしかなかったのである。

火の帯は次から次へと合流を重ね、41もの大火系となって、下町一帯をなめつくしていった。その後の調査から、このときの延焼速度は、毎時18〜８２０メートルに達していたという。

猛火に追われた人びとは、道路をいっぱいに埋めて、安全と思われる方へと避難を始めた。しかし、後ろから迫る火に焼かれ、あるいは持ちだした大量の荷物によって道を塞がれ、焼死する者もあった。

さらに避難民の行く手を阻んだのは、隅田川をはじめとする多くの河川であった。隅田川では、両国橋と新大橋以外の橋はすべて焼け落ち、逃げ場を失った人びとは大混乱となり、川に飛びこんで溺死した者も少なくなかった。

東京消防庁の報告書『東京都の大火災被害の検討』には、このときの惨状が次のように記されている。

「隅田川の両岸は、避難の群衆でただ黒い一列の塊りのようだった。厩橋《うまや》も、吾妻橋《あづま》も同様、浅草方面から向島へ逃げる群衆が本所全域にひろがった火勢に追われ、喚声をあげて逆戻りしてくるところ、両国方面から逃げ走ってきた群衆と安田邸まえで衝突し、みるみる大混乱をひき起こし、ある者は踏みつぶされ、ある者は川に墜落するなど多数の死者を出した」

「川の中で、背の立つ深さのところにも避難民はひしめいていた。西岸から吹雪のように飛んでくる火の粉や、真赤に焼けたトタン板、火のついた戸板、電柱などに頭や顔をやられ、川中に墜落、死傷した者などどれほどいたか知れない。また川の中の避難民は、それをさけるために、次第に深みに押し流され、水中に没していった」

川の両側が火の海となった永代橋は、猛火の挟みうちにあい、橋の両端から押し寄せた人びとが、中央でひしめきあっているうち、橋に火がついたため、みな水中に飛びこみ、多数が溺死したという。まさに「火攻め、水攻め」の惨状を呈したのである。永代橋は、21時ごろには焼け落ちてしまった。

こうして、隅田川をはじめとする東京市内の川では、無数の溺死体が水面を覆う結果となったのである。

荒れ狂った火災旋風

大震災のなかで、最も悲惨な出来事として後世に伝えられているのは、東京本所の被服廠《ひふくしょう》跡を襲った火災旋風による大惨事である。ここは、かつての陸軍省被服廠の跡地が、東京市に払い下げられた広場で、面積が約6万8、000平方メートルという広大な敷地であった。当然、人びとは、ここを絶好の広域避難場所と考え、地震の直後から続々と広場へ集まってきた。地元の警察官も、避難民を被服廠跡へ誘導していたという。

集まった人びとは、はじめのうちは、広い敷地に避難できた安心感からか、談笑しながら握り飯を頬張るなどしていた。しかし、時間とともに群集は増えつづけ、やがて広場は、人と荷物で身動きもとれないほどになった。

そこへ、周辺の火災現場からの火の粉が降りかかってきたのである。家財や荷物が燃えはじめると、広場はたちまち大混乱に陥った。次々と人が倒れていく現場へ、追い打ちをかけるように、恐怖の火災旋風が襲いかかってきた。それは、火災による高熱の空気を含んだ、いわば

「熱風竜巻」であった。

人も家財も旋風に巻き上げられ、荷物を積んだ馬車が、馬ごと舞い上がったともいわれる。空に巻き上げられた人びとが、一団となって落下し、そこに火がまわって、みな焼死した例もあった。隅田川の水が、旋風によって、数十メートルもの水柱となって、水面を走るのも目撃された。

陸軍被服廠跡に集まった大群衆

災害後の調査によると、被服廠跡を襲った火災旋風は、各所で発生した数個の旋風が合体し、異常な大旋風となって襲いかかってきたものであることが明らかになった。

被服廠跡での死者は、約３万８、０００人といわれており、大震災全体の犠牲者の３分の１以上が、ここで命を落としたことになる。

東京の下町をなめつくした大火災が、完全に鎮火したのは、地震から２日後の９月３日午前10時ごろであった。

統計によると、東京での全壊家屋は２万戸あまり、焼失が約37万８、０００戸、焼失面積は３、８３０ヘクタールに達した。

当時の東京市の64パーセントが焦土と化してしまったのである。

横浜でも大規模火災に発展し、市内いちめん焼け野原となった。荒れ狂う猛火に追われた人びとは、岸壁から海に飛びこみ、港には多数の溺死体が浮いていたという。

神奈川県下で、家屋の全壊は約6万3、000戸、焼失は6万8、000戸あまり、また千葉県下では、全壊3万1、000戸あまりとされている。

大津波襲来

関東大震災は、東京や横浜での大規模な都市火災がきわだっているため、地震とともに発生した大津波や、山地の各所で起きた山崩れなどについては、あまり注目が集まっていない。しかし現実に、相模湾沿岸には大津波が襲来しているし、箱根や丹沢山地では、いたる所で土砂崩れが発生している。

関東地震は、相模トラフで起きた巨大地震だったから、当然のことながら大津波が発生した。津波は、伊豆半島東岸から相模湾沿岸一帯、さらには房総半島の南岸までをも襲った。

熱海には、地震発生から約5分後に津波が襲来し、湾奥で波高12メートルとなり、50戸ほどが流失した。伊東でも、9メートルの津波によって、300戸あまりが流された。

伊豆大島の岡田港にも12メートル、房総半島の南端に近い相浜でも、9メートルの津波が襲来している。

鎌倉や逗子では、5〜6メートルの津波によって、多数の家屋が流失した。海岸にあった別荘のほとんどが流されたという。鎌倉では、津波が市内を流れる川を遡上して、河畔の地区にも被害を及ぼした。

9月1日といえば、まだ夏の延長だったから、海岸には多くの海水浴客がいた。『神奈川県史』によると、由比ヶ浜の海水浴場にいた約100人と、江ノ島の桟橋を渡っていた約50人が、津波の犠牲になったといわれる。

こうして、相模湾の沿岸だけでも、数百人が津波によって命を落としたとされる。もし東京や横浜での大規模火災がなかったならば、関東地震は、大津波をもたらした地震と位置づけられたかもしれない。

小学生の津波体験記

伊東市宇佐美にある宇佐美小学校では、関東地震による大津波を体験した当時の生徒たちの作文を2冊にまとめ、『大正震災記　一巻二巻』として保管してきた。この作文集を、伊東市立伊東図書館が1994年に復刻、『こわかった地震津波――関東大震災を体験した宇佐美小学校全児童の作文集』と題して出版した。この作文集は、大地震のあと、宇佐美の海岸へ津波が押し寄せてきたときの状況を知るうえで、貴重な史料となっている。

宇佐美は当時、静岡県田方郡宇佐美村と呼ばれ、600戸ほどの半農半漁の村であった。この村に、突然の大地震が襲い、直後に津波が家々を流し去っていったときの情景を、児童たちの作文から読み取ることができる。

「地震もやんだので道の方に行って見ると、大勢の人が大さわぎをして居る。私もいって見ようと思って海の方を見ると、大へん海の水がふえて来た。その中に『ソレッツナミダ』と叫んだので、急いで山の方を向いてにげた。途中まで行って見ると、もうつぶれた家もあれば流れた家もあったので、この分ではまだ津浪が来ると上へ上へとにげた。やがてもうよかろうと皆で畑のまん中にすわりこんで見て居た。もうその時は海の中は色々の道具や家などで一ぱいであった。それから二三度水が増減した」（小学6年女子）

「ゆらゆらというまもなく地震は大きくなった。逃げるにもにげられず、その中に地震もやんだ。『今だにげろにげろ』と誰かが言った。畠へ上って見ると浪が陸をさらって行った。二度目の浪の時には、海は、舟と家で島の様で有った」（小学6年男子）

「そのうちに浜の方から、津波だ津波だと大きな声をして来た人がありました。私は、何が何やら分からないが、皆の後をついて、上へ上へと逃げた。ふりかえって浜を見ると、浪はもう引けて行くところでしたが、随分沖の方まで引けました。今まで見た事のない島の根元まで見えます。どうなることかと驚いていると、浪はまただんだんと押し寄せて来ます。すると、今度は、大事な大事な家を、残らず引き出しました」（小学6年女子）

これらの作文から、宇佐美での津波は、はじめ海水の押しで始まり、そのあとかなり沖まで引いて、海底が露出し、つづいて第2波が襲ってきたことがわかる。また、第2波の方が第1波よりも高く、多くの家屋や船が流されたことが読み取れる。

さらに作文の多くから、地震のあと、複数の人が「津波がくる！」と叫んで、村人を高所に避難させたこともわかる。

このときは、宇佐美村全体で111戸も流失しながら、死者は1人もでなかった。周辺の熱海町や伊東町では、津波によって多数の死者がでているのに、宇佐美村では犠牲者が皆無だったことは、けっして偶然ではなく、伝承に学んでいた村人の迅速な判断と避難行動があったからであろう。

多発した土砂災害

激震に見舞われた南関東では、山崩れや崖崩れが多発した。

横浜や横須賀では、人家の背後にある急斜面が崩れ、多数の家屋が押しつぶされるなどの被害がでた。

とりわけ斜面の崩壊が著しかったのは、神奈川県西部の山地で、丹沢山地では、無数の崩壊が山腹で起きたため、緑の森林に覆われていた山容は、いたる所で白い地肌をむきだしにした荒々しい景観に変わってしまった。

白い地肌をさらした丹沢山地
(神奈川県土木課提供)

丹沢山地の東端に位置する大山でも、多くの崩壊が発生し、大量の土砂が谷に堆積した。そして、大地震から2週間後の9月15日、この地方を豪雨が襲い、谷筋にたまっていた土砂が一挙に押し流されて、大規模な土石流が発生した。

土石流は、大山阿夫利《あふり》神社の門前町であった大山の集落に流れこんで、民家約１４０戸を押し流してしまった。

このときは、地元警察官の適切な指示と誘導によって、住民の多くが安全な場所に避難していたため、死者は1人だけであったという。

以後、各所でしばしば土石流が発生し、家屋や田畑が土砂に埋まってしまった。このように、山地がひとたび大地震に見舞われると、大雨による二次的な土砂災害が発生するなど、長く重い後遺症が残されてしまうのである。

岩屑なだれに埋まった根府川集落
（片浦史談会提供）

根府川集落の悲劇

地震とともに発生した土砂災害のなかで、最も大規模かつ悲惨だったのは、神奈川県片浦村根府川地区（現・小田原市根府川）を襲った岩屑《がんせつ》なだれによる集落の埋没である。

激震によって、箱根外輪山の一角をなす大洞《おおほら》山が大崩壊を起こし、崩壊した山の部分が、巨大な岩屑なだれとなって白絲川の谷を流下し、たちまち根府川の集落を埋没してしまった。

根府川では、地震発生から約5分後に、海からは5〜6メートルの津波に襲われたのだが、それとほぼ同時に、山の方から岩屑なだれが襲来したのである。

当時、根府川の集落は白絲川の谷筋にあったため、家々はたちまち岩屑なだれに呑みこまれて、64戸が埋没し、406人が犠牲になった。
生き残った人の体験談によると、大地震のあと5分と経たないうちに、「山が来たぞぉー」という叫び声がしたかと思うと、谷をいっぱいに埋めて、大量の土石がなだれのように襲ってきた。土石の流れは、谷の屈曲点で反対側の斜面に乗り上げながら、右へ左へと高速で蛇行しつつ、ついに根府川の集落を呑みこんでしまったという。

転落した下り列車（根府川駅）

大洞山の崩壊地点から、約5分のうちに4キロ下流の集落に到達したのだから、岩屑なだれの流下速度は、時速約50キロということになる。

その直撃を受けて、熱海線（現在の東海道線）の根府川鉄橋も、海中に飛ばされてしまった。折しも、上り列車が鉄橋にさしかかっていたのだが、激しい地震の揺れを感じた運転士が、鉄橋直前のトンネルを抜けでたところで列車を止めた。そのため、トンネルから出ていた機関車だけが土砂に巻きこまれ、機関士と火夫の2人が犠牲になったのだが、客車はまだトンネル内に残っていたため、乗客は危うく難を逃れることができた。

一方、根府川の駅には、上り列車との交換のため、下り列車が停車していた。そこへ、激震とともに駅のすぐ背後にある崖が崩れて、大量の土砂が列車に襲いかかり、乗客約200人と、ホームで上り列車を待っていた約40人が、列車もろとも45メートルの崖下に転落してしまった。さらにそこへ、海から津波が襲ってきたのである。辛うじて岸に泳ぎつき、斜面を這い上がって助かった人を除いて、約200人が犠牲になったといわれる。

また、地震が起きたとき、子どもたち72人が、白絲川の河口付近で泳いでいた。そのうち23人は、地震に驚いて帰宅したのだが、残りの49人は、海からの大津波と、谷を流れくだってきた岩屑なだれとの挟み撃ちにあって、命を落としたのである。

流言が招いた混乱

関東大震災は、あまりにも大規模だっただけに、災害のあと、被災地を中心にしてさまざまな流言が蔓延し、社会の混乱を助長した。

原因の一つは、公的な情報がまったく得られなかったためである。当時はまだラジオ放送も始まっておらず、情報源としては新聞に頼るのみであった。しかし、東京にあった16の新聞社のうち、13社は震災で社屋を失っており、焼失を免れたのは、『東京日日新聞』、『報知新聞』、『都新聞』の３社だけであった。

震災後、各新聞社とも懸命の復旧に努めたのだが、最も早く新聞の発行ができた『東京日日新聞』でさえ、９月５日の夕刊からという状況であった。つまり、地震の発生した９月１日から５日の夕刻まで、被災地は報道皆無という状態だったのである。

当然のことながら、街角の情報は、人びとの口から口へと、いわば「口コミ」で伝えられる事態になっていた。なかでも、大災害となった東京や横浜では、被災住民の不安と混乱の渦中で、不確かな情報やもっともらしい噂話が、自然発生的な流言と化して、口伝えに広がっていったのである。

壊滅的な災害に見舞われ、通常の社会組織が破壊されたなかで発生する流言を「噴出流言」という。関東大震災の直後に蔓延した噴出流言は、実に多様なものであった。

一つは、「もっと大きいのがくる」、「２日の正午にまた激震が襲う」など、大地震のあとには必ずといっていいくらい発生する流言であった。

そこに津波襲来の噂が拍車をかけた。実際に関東地震では、相模湾沿岸や房総半島、伊豆大島などに大津波が襲来して多くの人命が失われたのだが、一方では「東京の下町に大津波がくる」という噂が、口伝えに広まり、山手の方へ避難する人もあったという。検潮記録によれば、東京湾沿岸では、60センチ前後の津波が観測され、被害もでなかったのだが、大津波襲来の流言は、そのまま地方へも伝わり、地方新聞が確実な情報として記事を載せたほどである。

たとえば、『河北新報』や『福岡日日新聞』などが、「芝浦に大海嘯が襲来し、約1、000人の死者がでた」という記事を書いているし、『樺太夕刊』にいたっては、「上野の山の下に津波が渦を巻いて襲来した」などと記している。

「富士山が噴火した」とする記事も、各紙に掲載された。夜空を赤く染めた東京の大火災を遠望した人びとが、富士山の噴火と早合点したものであろう。

「秩父連山が噴火した」という流言も広く流布した。『岩手新聞』などには、「秩父連山が8月30日に噴火を始め、9月1日の正午には、噴煙が天に冲して大爆発」というまことしやかな記事さえ載った。そもそも秩父山地には、火山など存在しないのだが、そのような検証が行われないままに、流言が広まっていったといえよう。

これらの新聞記事は、東京を脱出してきた人びとから聞いた噂話をもとに、新聞記者が事実を確認せずに書いたものであろう。事実を正しく伝えるべきマスメディアまでも、流言に惑わされてしまっていたのである。

一般にこのような流言は、どこの誰が言いはじめたのか、発生源を突きとめるのは難しいのだが、出どころがわかって、1人の男が治安維持法違反で検挙された事例がある。

大震災からひと月あまり経った10月4日の午前1時ごろ、かなり強い余震があった。そのあと、本郷周辺の交番や自警団の詰所に、「今夜さらに強い地震があるから、火の元に注意するように」とか、「私は帝国大学地震学教室から来た者だが、さらに強い地震があるかもしれない」と呼びかけ、一軒一軒戸を叩いて、「気象台からの通知で、明朝また強震が起きるから要注意」という意味のことを触れまわった男がいた。

この男は、震災当初から東京帝国大学の構内に避難していた者で、学生から大学構内の警備を依頼され、帝国大学と記された提灯を渡されて、夜警の仕事に就いていた。その提灯を持って、なおかつ地震学教室から来たと名乗っていたので、説得力を増したのであろう。なかには、その言葉を信じて、徹夜で起きていた人もあったという。男は結局嘘が発覚し、故意に流言を広めたとして検挙されたという。

朝鮮人暴動騒ぎ

大震災後に発生したさまざまな流言のなかで、最も深刻かつ悲惨な結果を招いたのは、いわゆる「朝鮮人暴動騒ぎ」である。

この流言は、大地震の起きた9月1日の19時ごろ、横浜市本牧町あたりで、「朝鮮人が放火している」という噂が、どこからともなく発生したのが発端であった。

横浜では多数の建物が倒壊し、街は火の海と化していた。その混乱のなかで、朝鮮人放火の流言が広がりはじめたのである。

さらに流言はその夜のうちに変質して、「朝鮮人が強盗をしている」とか、「婦女に暴行を働いている」、「井戸に毒を投げこんでいる」などとなり、翌日には、「保土ヶ谷の朝鮮人労働者300人が襲ってくる」、「工事現場のダイナマイトを持って襲来する」という流言にまで発展した。

これら朝鮮人に関する多様な流言は、どれもまったく根拠のないものだったが、短時間のうちに、横浜市内だけでなく、鶴見や川崎方面へと広がっていった。

震災後の調査から、横浜での流言の発生源となったのは、市内で起きた日本人による集団強盗行為だったと考えられている。立憲労働党の総裁・山口正憲が、避難民の窮状を救うためとして、「横浜震災救護団」を組織し、団員を煽動して、民家から手当たりしだいに物資の略奪を繰り返したのである。徒党を組んで、次々と民家を襲う強盗団に、民衆は恐れおののき、それがいつのまにか朝鮮人の暴挙と誤解されたものと思われる。

横浜で発生した流言は、またたくまに周辺へと拡大し、３つの経路をたどって多摩川を渡り、東京へと流れこんだ。９月２日午後には、流言は東京市内全域に広がってしまったという。流言の拡大はきわめて速く、２日中には関東の各県に及び、３日には福島県にまで達している。交通機関や電信・電話が途絶しているなかで、それは驚くべき速さであった。

この間に流言の内容もさまざまに変化し、ますます不穏な様相を呈していった。「朝鮮人約200人が、殺傷、略奪、放火を繰り返しながら東京方面に襲来中」、「朝鮮人約3、000人が、多摩川を渡って来襲し、洗足、中延付近で住民と闘争中」、「横浜方面から来た朝鮮人200〜300人が、溝の口で放火、多摩川の河原に進撃中」、「彼らは、爆弾や劇薬を使って、帝都を全滅させようとしている。井戸水や菓子を飲食するのは危険」など、多種多様な流言が入り乱れ、口コミによって広がっていった。

すべてが事実無根だったにもかかわらず、恐怖にかられた各町村では、それぞれ自警団を組織して朝鮮人の来襲に備えた。彼らは、法律で所持を禁じられていた凶器を手にして、通行人を呼びとめては訊問した。朝鮮人と認めると、日本刀や竹槍、棍棒などによって殺傷を繰り返したのである。

市民から朝鮮人騒乱の通報を受けた各警察署では、署員に命じて状況の調査にあたらせたのだが、大震災直後の混乱のなかで、実態を把握することはほとんどできなかった。しかも相次ぐ通報に翻弄されて、警察当局も、朝鮮人暴動の噂は真実ではないかと思いこむようになったのである。

さらに流言は新聞報道によっても拡大された。東京の新聞社は地震で壊滅していたが、地方新聞は朝鮮人暴動事件を大きく報じ、それが東京や横浜の被災地に逆流してきて、庶民の恐怖心をいっそう煽りたてた。その結果、各地で虐殺事件が続発したのである。突然の誰何《すいか》に動転して、咄嗟の言葉を発せなかった日本人が、朝鮮人と誤認されて殺害されるという事態さえあったという。

大震災直後の異常な心理状態にもとづく大虐殺によって、命を奪われた人は、3、000人とも4、000人ともいわれているが、正確な数はわかっていない。

この事件の根底には、当時の日本人が、朝鮮の人びとに対して抱いていた恐怖心が潜在していたともいえよう。1910年（明

新愛知 號外

不逞鮮人一千名と
横濱で戰鬪開始
歩兵一個小隊全滅か
更に麻生聯隊から
一個中隊を派遣

仙臺電話＝二日午後五時より大森方面より約四百名の不逞鮮人横濱に現はれ隊伍を組んで東京方面に向ひ進行し来り遂に歩兵一個小隊と衝突し彼我の間に戰鬪を開始したが一個小隊にては少ないので苦戰の結果全滅の兆ある旨麻布第三聯隊に報じて来たので更に歩兵一個中隊を派遣した其後の情報は未だないが鮮人の數は約一千名と稱せられて居る

鮮人の隱謀
震害に乘じて放火

鮮人團
發電所を襲ふ

避難民
不忍の池水を飲む

積極的救助策を講ず

戒嚴司令官任命

奸商一掃の爲
無賃輸送

9月4日の新聞記事（新愛知）

治43年）、日本政府は朝鮮半島を強引に併合し、朝鮮の人びとに過酷な労働を強いていた。そのため、もし大震災などが発生すれば、彼らが災害後の無秩序を利用して、騒乱事件を引き起こし、鬱憤を晴らすのではないかという疑心暗鬼が、日本人の心中に渦巻いていて、それが流言発生と蔓延の背景になっていたのではないだろうか。

関東大震災直後に発生した「朝鮮人暴動騒ぎ」の流言と、それが原因となった大虐殺は、日本の国辱といってもいい事件だったとみることができよう。

第4章　南海トラフ巨大地震

1　宝永地震

１７０７年10月28日（宝永４年10月４日）、東海道沖から南海道沖を震源域として巨大地震が発生した。地震による被害は、中部から近畿、中国、四国、九州にまで及び、地震動と津波により、家屋の倒壊６万戸あまり、流失２万戸あまり、死者は少なくとも２万人を数える大災害となった。

この巨大地震は、南海トラフのほぼ全域にわたって断層破壊が起きたものとされていて、その規模は、『理科年表』などによれば、Ｍ８・６前後と推定されているが、最近では、２０１１年３月に発生した東北地方太平洋沖地震に匹敵するＭ９クラスだったのではないかという指摘もある。

繰り返されるプレート境界地震

駿河湾から東海沖〜紀伊半島沖〜四国・九州沖へと延びる南海トラフは、北進してきたフィリピン海プレートが、日本列島の西半分を乗せるユーラシアプレートの下に沈みこんでいる、いわばプレート境界にあたっていて、陸側のプレートが跳ね返ることにより、しばしば巨大地震を引き起こしてきた。

歴史時代で最古の記録は、『日本書紀』に載る天武天皇13年（684年）の大地震で、震害と大津波によって、四国の土佐地方を中心に大災害になったという記述がある。この大地震に対して、地震学者の今村明恒博士は「白鳳大地震」と命名した。

以後、南海トラフでは、100年から150年ほどの間隔をおいて巨大地震が発生してきた。15世紀以降だけを振り返ってみると、1498年（明応7年）9月の明応東海地震（M8・2〜8・4）では、大津波が紀伊半島から房総半島の沿岸を襲い、伊勢・志摩で約1万、伊勢大湊で約5，000の流死者がでたと伝えられる。それまでは内陸の淡水湖だった浜名湖は、南端部が津波によって削り取られ、海とつながって汽水湖になったという。

1605年2月（慶長9年12月）の慶長地震（M7・9）では、津波が四国から東海地方の太平洋岸を襲い、とくに室戸岬や浜名湖の周辺で高く、室戸では、波高が10メートルにも達した。津波の大きさのわりには、震害の記録がほとんどないため、海底下の断層がゆっくりと動いた「津波地震」だった可能性が指摘されている。

激動期だった18世紀初頭

宝永の巨大地震が発生した18世紀の初頭は、日本列島激動の時代であった。

１７０３年（元禄16年）12月31日には、相模トラフ巨大地震である元禄地震（Ｍ８・２）が発生して、南関東を中心に、地震動と大津波による大災害に見舞われた。

この大地震が起きたのは、旧暦では11月23日だったが、年をこえても頻々と余震が続いたため、幕府は、世直しへの願いをこめて、「元禄」を「宝永」と改元した。しかし、その宝永の世も、大規模な災害が相次いだのである。

元禄地震から４年後の１７０７年、宝永地震が発生した。わずか４年の間隔をおいて、相模トラフと南海トラフで、プレート境界地震が、相次いで日本列島を襲い、壊滅的な災害をもたらしたことになる。

さらに、宝永の大地震から49日後の１７０７年12月16日、富士山が大噴火を開始した。富士山の南東斜面で発生した噴火によって、南東山麓に点在する村々は、大量のスコリアや火山灰の下に埋もれ、壊滅状態となった。

火山灰は、偏西風に乗って江戸の街にも降りそそぎ、3センチ前後も堆積したという。また、大量の降下噴出物が、酒匂川《さかわ》に集まり流下したため、河床が上昇し、翌年夏の集中豪雨によって、防水堤が決壊、足柄平野が大洪水に見舞われるという二次災害も発生した。

この富士山の宝永噴火は、直前に起きた宝永地震と関連があったと見るのが自然であろう。

宝永地震の震源域をめぐって

前述のように、宝永地震は、南海トラフ沿いの広い範囲を震源域として発生したプレート境界地震であるが、近年進められてきた検討の結果、その震源域については、これまでの認識とは異なる新しい地震像が提唱されている。

南海トラフに沿っては、東から東海・東南海・南海の3つの震源域が想定されていて、これらが100~150年の間隔で活動し、巨大地震を発生させてきたというのが、これまでの考えであった。

それによると、1707年宝永地震は、この3震源域が、ほぼ同時に活動して、巨大地震を起こしたものとされていた。そして、1854年の安政東海地震と南海地震の時は、はじめに東海・東南海の２つの震源域が活動して、安政東海地震を発生させ、翌日に南海の震源域が活動して、南海地震が起きたものと推定された。

それから90年後に発生した１９４４年東南海地震は、３つの震源域のうち、真ん中の震源域だけが活動し、さらに2年後の１９４６年に南海の震源域が動いて、昭和の南海地震を発生させたものと考えられてきた。

しかも、１９４４年東南海地震のとき、東海の震源域、つまり駿河湾から遠州灘にかけてのエリアは活動しなかった。宝永の時も安政の時も、ともに活動したのに、いわば付きあってくれなかったのだから、東海の震源域には、大地震を起こすべき歪みが、１８５４年以来蓄積されつつあると考えられ、「東海地震」の発生が切迫していると見られてきたのである。

これは一見、単純明快な説明なのだが、こと宝永地震の震源域に関しては、安政東海・南海地震の場合と同一視できないというのが、最近の知見なのである。

古文書などから推定される各地の震度分布、地殻変動の痕跡や津波の挙動などから、宝永地震の震源域は、駿河湾内には至っておらず、南海トラフに沿って、西は四国沖から東は御前崎の東沖あたりまでであり、その広大なエリアが、ほぼ同時に活動して、超巨大地震を起こしたものと推定されるにいたった。

また、南海トラフ沿いに発生してきた歴史地震には、それぞれ個性があって、災害の態様もそれぞれに異なることも明らかになってきたのである。

大津波の襲来

宝永地震は、南海トラフで起きた最大規模の地震であったために、災害はきわめて広範囲にわたった。

とりわけ、東海道から伊勢湾の沿岸、紀伊半島などでの震害が甚大で、無数の家屋が倒壊し、袋井のように家屋が全滅してしまった所もある。とくに、沖積層の厚い地域での震害が顕著であった。伊予の道後温泉では、１４５日間温泉の湧出が止まったという。

宝永地震による災害の模様については、柳沢吉保の『楽只《らくし》堂年録』や、土佐藩士だった奥宮正明による『谷陵《こくりょう》記』、澤田弘列の『万変記』などに詳しく記されている。

以下は、『万変記』に載る土佐での地震発生直後の描写である。

「宝永四年十月四日、朝より風少もふかず、一天晴渡りて雲見えず、其暑きこと極暑の如く、未ノ刻ばかり、東南の方おびただしく鳴て、大地ふるひいづ、其ゆりわたる事、天地も一ツに成かとおもはる、大地二三尺に割、水湧出、山崩、人家潰事、将棊倒を見るが如し、諸人広場に走り出る、五人七人手に手を取組といへども、うつぶしに倒れ、三四間の内を転ばし、あるひはのけに成、又うつぶしになりて、にげ走る事たやすからず、半時ばかり大ゆりありて、暫く止る、此間に男女気を失ふもの数しらず、又暫くしてゆり出し、やみてはゆる、幾度といふ限なし、凡一時《およそひととき》の内六七度ゆり、やまりたる間も、筏に乗たるごとくにて、大地定らず、われさけたる所より、泥水わき出、世界も今沈む様にぞ覚ゆ」

地震の当日、土佐は好天で、10月4日（新暦10月28日）にもかかわらず、夏のような暑さで、未の刻（14時ごろ）に大地震が襲来し、多くの人家が倒壊した。また本震のあと、かなり大きな余震が頻発していたことも読みとれる。さらに、大地が裂けて、地中から泥水が湧きだしたという記述は、地盤の液状化が発生したことを物語っている。

『万変記』にはこのあと、「沖より大波押入ると声々に呼はり、上を下へとかへし、近辺の山に迯上《にげ》る」と記されており、津波の襲来を恐れて、人びとが山へ逃げのぼったことが窺える。直後に、大津波が沿岸を洗いつくし、大災害となったのである。

津波は、伊豆半島から九州に至る太平洋沿岸をはじめ、大阪湾や瀬戸内海沿岸、さらには八丈島をも襲い、壊滅的な災害をもたらした。

津波による被害が最も大きかったのは土佐で、7～10メートルもの大津波によって、1万1、

０００戸あまりが流失したという。

　なかでも、浦戸湾湾口の砂州上にあった種崎集落では、７００人あまりが死亡している。この種崎の状況について、『谷陵記』には、「亡所、一草一木残リナシ、南ノ海際ニ神母ノ小社残リ誠ニ奇也。溺死七百余人」と記されている。

　ここでいう「亡所」とは、壊滅的な被害となった集落を指すもので、土佐の沿岸では、半数近い集落が亡所になったといわれる。たとえば、宇佐で４００人あまり、須崎では３００人あまり、久礼《くれ》で２００人あまりが流死するなど各集落が亡所と化してしまった。

高知県須崎市に残る
宝永地震の石碑

　土佐での津波被害を拡大した原因の一つには、巨大地震に伴う地盤の変動がある。南海トラフで大地震が発生すると、室戸岬や足摺岬の周辺では地盤が隆起するが、そのあいだの沿岸域では、反対に土地が沈降するのである。

　この事実は、第１章で述べた６８４年の白鳳大地震のさいに「土佐の国の田や畑が50万頃《しろ》（12平方キロ）あまり埋もれて海となる」と『日本書紀』

に記されていることからも、南海トラフ地震に伴う地盤変動の特徴であることがわかる。

宝永地震のさいには、現在の高知市では2・5メートル、久礼では2メートルほど地盤が沈降した。そのため、津波が内陸の奥深くまで浸入することになって、被害を拡大したことは疑いない。

四国では、阿波（徳島県）の沿岸でも、津波による被害が大きかった。牟岐《むぎ》では、8メートルの大津波によって、死者110人、浅川では、6〜7メートルの津波で140人の死者がでている。

紀伊半島の沿岸も大津波に見舞われた。西海岸には、5〜7メートルの津波が押し寄せ、多数の家屋が流失した。のちに国語教材「稲むらの火」の舞台となった西海岸の広村（現・広川町）では、総戸数1、000のうち、700戸が流され、292人の死者がでた。広村の隣の湯浅村（現・湯浅町）でも、総戸数1、000のうち、292戸が流失し、死者53人を数えた。

印南《いなみ》浦（現・印南町）でも、津波によって300人を超える死者がでた。印南浦の中村にある浄土宗の印定《いんじょう》寺には、津波による犠牲者を弔う位牌や、「高波溺死霊魂之墓碑」があって、災害の記憶を後世に伝える役割を担っている。

紀伊半島の南東岸にあたる熊野灘沿岸や志摩半島南岸にも大津波が襲来した。とりわけ尾鷲《おわせ》のまちは、尾鷲湾の湾奥に位置していたため、津波の勢いが集中するかたちとなり、6～8メートルの津波によって、641戸が流失し、530人あまりの死者がでた。

いま尾鷲の市街地を見下ろす高台の墓地には、宝永地震の6年後に建てられた津波碑が残されており、碑文には、「男女老幼溺死者千有余人」と刻まれていて、尾鷲市の文化財に指定されている。

渥美半島から遠州灘、さらには駿河湾沿岸も、高い所では5～7メートルの津波に襲われた。伊豆半島南端に近い下田には、5～6メートルの津波が襲来し、852戸が流失、水死者11人を数えた。

大阪を襲った大津波

特筆しなければならないのは、商都大阪の被害であろう。地震動による被害は、上町台地上の市街地では比較的軽微だったが、堂島や西船場《せんば》など、新たに開発された軟弱地盤地域の市街地で、多くの建物が倒壊するなど、大きな被害がでた。

さらに大阪での被害を拡大したのは、津波の襲来である。南海トラフで発生した津波は、約2時間かけて紀伊水道を北上して大阪湾に流入し、木津川や安治川を遡上して、大災害を招いたのである。

水の都・大阪では、船を使って物資を市内に運べるように、堀川と呼ばれる水路が縦横に開かれていた。津波は、木津川や安治川の河口付近に停泊していた複数の大船を上流へと押し上げ、堀川へと侵入した。

大船は、これらの川に架かる橋に次々と衝突して、橋を破壊し落橋させた。さらに、堀川に浮かんでいた多くの小さな川船を押しつぶしたり、沈没させたりした。悪いことに、これらの川船には、間断なく続く余震を恐れた人びとが避難していたため、多数の溺死者を生じたのである。

実は、宝永地震の１４７年後に発生した１８５４年安政南海地震のさいにも、大阪は全く同じ津波災害をこうむっている。大船の遡上、橋梁の破壊、川船の沈没と避難民の溺死。あたかも宝永津波のコピーを見ているようにさえ思える。

宝永地震による津波体験が、ほとんど伝承されることなく、安政南海地震で再び被災した反省から、浪速区の大正橋のたもとには、津波碑が建てられ、将来に向けての教訓と戒めが碑文に記されているのである。

多発した土砂災害

宝永地震による激震域は広範囲にわたったため、各地で大規模な土砂災害が発生した。

『谷陵記』には、「宝永四丁亥年十月四日未之上刻、大地震起リ、山穿《ウガチ》テ水ヲ漲シ川埋リテ丘トナル。国中ノ官舎民屋悉ク転倒ス、迯《ニゲ》ントスレドモ眩《メマヒ》テ壓ニ打レ或ハ頓絶ノ者多シ、又ハ幽岑《イワシン》寒谷ノ民ハ巌石ノ為ニ死傷スルモ若干ナリ」と記されている。

『谷陵記』は、土佐での被害状況を詳しく述べているので、四国南部でかなりの土砂災害のあったことが窺える。

たとえば、高知県越知《おち》町の『越知町史』には、1707年の項に、「大地震で舞ヶ鼻崩壊し、仁淀川を堰き止め洪水を起こす」と記されていて、土砂崩れが川を堰き止め、のちに決壊して下流域に洪水をもたらしたことがわかる。

現在の静岡県、山梨県下でも、各所で山崩れや地すべりが発生した。

富士川の右岸側に聳える白鳥山の大崩壊では、崩壊土砂が富士川を堰き止めて天然ダムを形成、3日後に決壊して、下流域に土石流被害をもたらした。

また、富士川の支流にあたる下部《しもべ》川が、崩壊土砂によって堰き止められた。『市川大門町一宮浅間宮帳』には、「湯奥と言ふ村、山崩れ谷を埋め、湯川（下部川）を押しとどめて水海をなす」と記されていて、天然ダムを生じたことが知られる。そのため、川下にあたる下部村では、決壊を恐れて村民が山に避難し、小屋がけをしてしばらく住んだという。幸い天然ダムは一挙に決壊することはなく、徐々に水位が低下したため、大きな被害には至らなかった。

宝永地震に伴う山地の崩壊のなかでも、とりわけ大規模で、後世にその名をとどめることになったのは、安倍川の源頭部で発生した「大谷《おおや》崩れ」である。この大崩壊は、立山の「鳶《とんび》崩れ」や「稗田《ひえだ》山崩れ」とともに、日本の三大崩れの一つに数えられている。

大谷崩れの規模は、幅１、８００メートル、高低差８００メートル、深さ70メートルにわたり、崩壊面積は１・８平方キロ。崩壊土砂量は約１億２、０００万立方メートルと推定されている。この崩壊土砂量は、東京ドーム約96杯分に相当する。

大谷崩れ（静岡河川事務所「砂防の頁」より）

大谷崩れによる土砂は、安倍川の谷を埋積し、その結果、支流の３つの河川よりも河床が高くなったため、それぞれに天然ダムを生じた。これらの天然ダムは、堰き止めた土砂量があまりに多かったため、決壊することなく、上流からの土砂の流入によって徐々に埋積され、消滅していった。

一方、安倍川の上流部に堆積した大量の土砂は、その後の度重なる大雨による洪水とともに、中流から下流へと運ばれ堆積しつづけてきた。

いま安倍川の谷には、不安定土砂が厚く堆積しているため、洪水時には、大量の土砂が下流へと流出する危険性が常に潜在している。したがって現在、安倍川の最下流に広がる静岡の市街地や重要交通網を守るため、多様な砂防事業が展開されているのである。

300年あまり前に起きた巨大地震による後遺症に、現代の砂防技術が懸命に立ち向かっているものといえよう。

2 安政東海地震

大揺れだった1850年前後

幕末にあたる1850年前後は、大きな災害をもたらすような地震が相次いだ時代であった。

1847年5月8日(弘化4年2月26日)には、現在の長野県下で善光寺地震(M7・4)が発生、1万人前後の死者をだすとともに、各所で大規模な土砂災害が発生した。犀川を堰き止めていた大量の土砂が、地震の19日後に決壊して、善光寺平に大洪水をもたらしている。

1853年3月11日（嘉永6年2月2日）には、小田原付近を震源とする地震（M6・7）によって、小田原の城下町を中心に、全壊家屋1、000戸以上、死者24人をだす災害となった。

1854年7月9日（嘉永7年6月15日）には、伊賀上野付近を震源とする直下地震（M7¼）が発生、上野で2、000戸あまり、奈良で400戸あまりが倒壊し、1、500人をこえる死者がでた。この地震は、木津川断層の活動によるものだったと考えられている。

そして同じ年の12月23日と24日（旧11月4日と5日）に、安政東海地震（M8・4）と安政南海地震（M8・4）という2つの巨大地震が、わずか31時間の間隔をおいて発生したのである。

さらに、翌1855年11月11日（安政2年10月2日）には、江戸の直下を震源とした江戸地震（M7・0〜7・1）が発生して、江戸市中で約1万人の死者をだしている。

激動の幕末

嘉永から安政年間にかけては、江戸幕府の鎖国政策が破綻を来たし、幕藩体制の揺らぎが、ますます大きくなっていく時代であった。幕府にとっては、まさに内憂外患の時代だったのである。

1853年7月8日（嘉永6年6月3日）、ペリー提督の率いる黒船4隻が浦賀沖に現れ、幕府に国書を手渡して通商を迫った。江戸湾にまで侵入してきた黒船に、幕府はあわてふためき、江戸市内は大混乱に陥った。もっとも、好奇心旺盛な一部の市民は、珍しい異国船をひと目見ようと、海辺は人で溢れるほどだったという。

「太平の　眠りをさます　上喜撰（蒸気船）
　たつた四はい（4隻）で　夜も眠れず」

黒船来航による混乱を皮肉った有名な狂歌である。

ペリーの国書を受け取った幕府が、翌年には回答すると約束したため、7月17日、ペリーの艦隊は江戸湾を去っていった。

すると、それとは入れかわるようにして8月21日、プチャーチン提督率いるロシア艦隊が、日本との国交樹立を求めて、長崎に来航した。

翌1854年（嘉永7年）の3月、ペリーは7隻の艦隊を率いて、再び来航する。すでに開国の方針を決めていた幕府は、下田と箱館（現在の函館）の2港を開港することを条件に、「日米和親条約」を締結した。

その後さらに、日英、日露の和親条約も調印されて、日本はようやく海外に門戸を開くことになった。こうして、２２０年にわたる江戸幕府の鎖国政策は、幕を閉じるにいたった。このような激動の時代に、国内では、大地震が次々と発生したのである。

東海地震の発生

１８５４年12月23日（安政元年11月４日）の朝９時すぎ、安政東海地震（Ｍ８・４）が発生した。南海トラフに沿う３つの震源域（東海・東南海・南海）のうち、東側の２つの震源域が活動したものである。

震害は、関東から近畿にまで及んだが、とりわけ、現在の静岡県下の被害が大きかった。なかでも袋井や掛川の宿場では、ほとんどの家屋が倒壊して、多くの死傷者がでた。袋井では、住家の約９割が潰れたとされる。三島宿や沼津城下での被害も甚大であった。駿府では、城の石垣が崩れ、多数の家屋が倒壊、約６００戸が焼失し、２００人あまりの死者がでた。

地震とともに、御前崎周辺の海岸が隆起し、相良《さがら》では、約３尺（90センチ）水深が減って、周辺が干潟になったという。

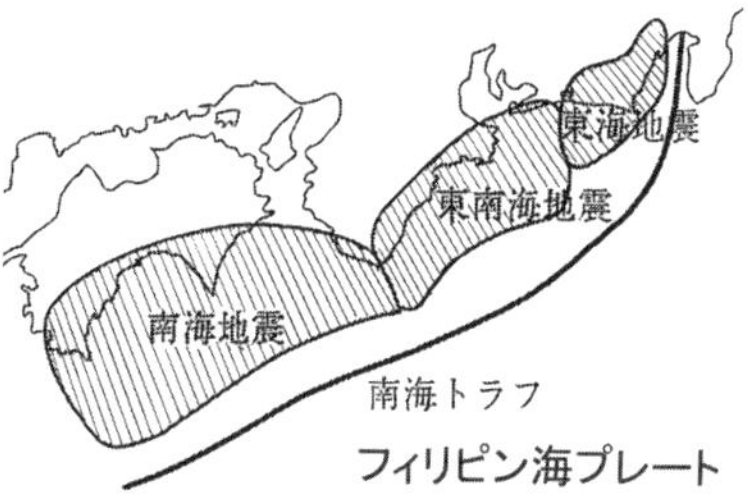

南海トラフに沿う３つの震源域

また、箱根山と愛鷹《あしたか》山の中間にある上小林村では、幅が5間（9メートル）あまり、深さが6丈（18メートル）もの地割れを生じ、家屋10戸が、その中に呑みこまれた。

駿河湾の湾奥から内陸部を北へ、富士川に沿う地域での揺れがいちだんと激しく、甲府では、町屋の約7割が全壊した。さらに信州の松本や松代でも、飛び地的に被害が大きく、松代藩内だけでも150戸あまりが全壊した。「異常震域」という見方もできよう。

当時、伊勢神宮の御師であった安田啓助賤勝は、一行4人で、伊勢から江戸へと赴く途中、たまたま駿府（現在の静岡市）でこの大地震に遭遇した。そのときの体験記を、彼は『東海道道中記』、『大地震に付駿府逗留中見聞録』と題してまとめている。

「辰半刻、駿府の町にかかる、駄荷は十間許《ばかり》もあとになりぬ、川越町も過ぎ、新町壱丁目と梅屋町の間を通るに、左右の家々より老若男女肌足にて走り出れば、火事か喧嘩かと前後を見まはすに、左右の家々は、芒《すすき》の風になびくが如く、海山震動して、諸人道路に倒れ、鳴声天へも通ずべし、我々四人は、既に倒れんとしつつ、梅屋町の四ツ辻迄、命を限に走つきぬれば、乾《いぬゐ》の角の家、南北の庇《ひさし》、大道へおつる、巽《たつみ》の角の家も、崩るる音はたとふるに物なし、天地一円に黒煙たちて、さらに生たる心地なし――（中略）――只茫然と四方をながめ居る内、艮《うしとら》の方に黒煙たち登り、火事よ火事よと呼れども、半鐘打にもあらず、次第に火の手あがりければ、辛き命は助りぬれど、荷物を焼なばいかがせんとあわてふためき、遊場《にげば》を尋んとすれども、家倒れあひて道なく、又は過半潰かかりし家などにて、通り得がたく、その内、新通壱丁目の亀屋惣吉といへる三味線師の裏、蕪畑ある所を見附、此所へ荷物をはこぶべしとおもへども、各力ぬけて持事あたはず、漸垣の竹一本をぬきて、二人釣りにて、壱個づつはこぶに、亀屋は瓦葺の家なるに、過半倒れかかりし横町を通ふことなれば、今にも震動せばうたれ死せんと、さらに安き心なし――」

この夜、安田賤勝の一行は、借り受けた戸板一枚の上で野宿する羽目となった。寒風が肌を刺し、近くの人が持ってきてくれた火鉢一つで、ようやく暖をとることができたという。被災地では、食べる物とて満足になく、わずかに干し柿を分けあって飢えを凌いだと書かれている。

翌朝になると、干し柿も食べつくしてしまったため、食べ物の心当たりもなく、途方にくれているところへ、近くの家から雑炊ができたからといわれ、ご馳走になったという。大災害のなかでも、土地不案内の一行に対する人びとの優しい心くばりを読みとることができる。

このあと一行は、一夜明けた市内の状況を目のあたりにする。

「府中はすべて駅家造りなれば、とも押に押れて、北へ傾くもあれば、南へたふるるあり、瓦庇はことごとく大道へ落て、角々の家は三四軒づつ、いづれの町にても潰れぬ、柱は多く平ら物のほぞ穴より折て、二階だけ切下し如く見ゆるもあり、其余も五軒目、七軒目には、五軒、又は拾軒、あるひは廿軒も皆潰れになりたるもあり、寺院はいふ迄もなく、土蔵は土瓦ともふるひおとし、柱のみ立てり――」

賤勝のこの道中記から、地震による駿府市内の惨状を推察することができる。

大津波襲来

安政東海地震による被害をさらに拡大したのは、沿岸一帯を襲った大津波であった。津波は、房総から土佐までの太平洋岸を襲い、波高は、駿河湾から遠州灘にかけての沿岸で4~7メートル、志摩半島では10メートルに達した所もあった。熊野灘に面する尾鷲では、波高8メートル、959戸のうち661戸と、7割近い家屋が流失して、死者198人、長島では、約800戸のうち80戸だけが残り、23人の死者がでたという。

志摩地方には、このときの地震津波の模様を記録した古文書が数多く残されている。そのうち、最大の被害を生じた和具村に残る『大地震大津浪流倒の記』には、次のように記されている。

「維時嘉永七甲寅十一月四日、晴天海静西風少々催す、朝五つ半時戌の方雷鳴の如き響有之、間も無く大地震、古蔵古納屋横倒し、屋根瓦落、塀石垣等手弱き分崩れ、諸人驚怖し浜辺或は竹藪により評義まちまちの折節、未申の方位より海面一様に潮高く相成、浜辺は至所踏込、潮湧出恰も温泉の如し、最初の波先壱町余り込入、又壱町余り汐干去り、右干波と寄波口の島辺にて相闘ひ高さ三丈余り、高山の如き大波となり、矢の如き砲玉に似て潮煙立、暫時に里の浜へ向け押懸け、波先七町計り込入、人家百弐拾四軒、隠宅拾四軒、土蔵弐拾ヶ所、作納屋五拾軒流失――（中略）――誠に生魂を断じ親子兄弟尋る間も無く高き所へ我先勝と逃去、人々共叫ぶ声と流家の物音四方に響き、忽ち高山も崩るが如し、衣食、住宅も悉く失ひ毎夜小屋住居野宿、誠に現世の地獄――」。

ディアナ号の悲劇と再建

伊豆半島では、下田の被害がとくに大きく、最大7メートルの津波によって、840戸が流失、122人の死者を数えた。

「十一月四日、伊豆国地震海嘯、就中《なかんづく》、下田港最甚しく、時に魯西亜《ロシア》船、既に同港に来泊、去る朔日より応接掛、彼の使節と談判中の処、此変災あり、下田町家溺没せる者許多、魯西亜人は船中にて、皆溺没は免れしなれども、船は頗る破損せりと云」（『阿部正桓家記』）

ここにいう「魯西亜船」とは、ロシアの軍艦ディアナ号のことである。当時、プチャーチン提督の率いるディアナ号は、下田港に停泊していた。

すでにこの年の3月には日米和親条約が結ばれ、つづいて日英・日露の和親条約も締結されて、日本はようやく海外へ門戸を開いたばかりであった。ただし江戸幕府が、新たに外国への開港場としたのは、函館と下田だけであった。幕府にしてみれば、各国との交渉の場を、できるだけ江戸から遠ざけたいという思いがあって、下田のように交通不便な場所を選んだのである。

津波襲来時の下田港とディアナ号
（モジャエフスキー画）

安政東海地震による津波は、当時外交の舞台となっていた下田を襲った。このとき、ロシアとの応接係りとして、プチャーチンとの交渉団の一員に加わっていた村垣淡路守範正は、このときの模様を、次のように記している。

「地震済みて間もなく、津波の由に付き、ご朱印を持ち、本堂へ出候へば、はや市中人家の中へ四、五百石積位の船、二、三艘走り込み、門前町へ水来たり候間、本堂脇秋葉社有之山へ登り一見之所、一旦引候様子にて、程なく二度目の津波押来る、勢ひ恐ろしく、たちまち波戸押崩し、千軒余の人家片はしより将棋倒しの如く、この方旅宿門石坂半迄来る、黒煙を立て、船を押し込め、家の崩れるさま、人々叫び、地獄もかくやと思ふばかり、引波になり、大家小家蔵なども皆押し流し、過半海中へ出る頃、又押し来たり、それより九時《ここのつどき》過迄凡そ七、八度も押し来る、二度殊に甚だしく、一時に下田野原となる」

この記述から、津波は何波も襲来し、とりわけ第2波が最も高く、下田の町並みは完全に洗い去られてしまったことがわかる。

このとき下田港に停泊していたディアナ号は、60挺の大砲を備えた2、000トン級の木造帆船だったが、大津波の勢いに翻弄され、打ちのめされてしまった。激しい海面の上下によって、錨が抜け、くるくると回転しはじめた。記録によると、30分間に42回転もしたという。

当時ディアナ号に乗船していた司祭のワシーリ・マホフは、津波が襲来したときの状況を、『フレガート・ディアナ号航海誌』に、次のような内容の一文を載せている。

「私たちがお茶を飲みはじめた朝の9時、突然艦全体が激しく揺り動かされた。私はこのときプチャーチン中将の寝室にいた。コップの中のスプーンがガチャガチャと鳴り、テーブルが揺れ、ベンチの椅子は、船室の中をあちこち転げまわった。中将は、急いで船室から上甲板に上がったが、海と陸の表面には、目に見えるような恐ろしい動きはまったく見られなかった。振動は1分か2分で、やがて艦はだんだんと平静に戻っていった。中将は士官集会室に行って、これは、日本でしばしば起こり、大なり小なりの結果をもたらす地震であることを説明した。それから、地震の間に中断されていた通常業務は、順調に再開されたが、上甲板からは、海水が異常な速さで海岸に押し寄せていることが、同時に知らされた――（中略）――海水は海底から噴きだして、釜の中で煮えたぎっているかのようであった。波が渦巻いて逆立ち、飛沫となって飛び散った。大波が次々と高くなり、異常な音を立てて怒り狂い、だんだんと海水を駆り立てて岸を浸し、たちまち陸地を浸していった。海岸にあった日本の小船はねじ曲げられ、四方八方に散らされた――」

湾内でディアナ号は回転を繰り返し、やがてマストも折れ、舵ももぎとられてしまった。自由のきかなくなった船は、右へ左へと流されつづけた。そして、地震発生から7時間ほど経った15時ごろになって、ようやく動きを止めたのである。

この激しい動きのあいだに、ディアナ号の乗組員が、津波で流されてきた日本人3人を救助したという事実は、あまり知られていない。

大破して航行不能になったディアナ号は、このあと修理のため、造船所のある伊豆半島西海岸の戸田《へだ》港へと曳航されていくのだが、ただでさえ真冬の季節風が吹きまくる駿河湾である。

強風にもてあそばれ、浸水と闘いながらの航行であったため、文字どおり難航をきわめた。最後には、100艘あまりの日本漁船に、ロープで曳かれ、戸田港を目指したのだが、ついに時化のなかで沈没してしまう。

船を失った乗組員たちは、故国のロシアへ帰ることができなくなった。そこで、日本の船大工が集まり、彼らのために、戸田の造船所で新しい帆船を建造することになった。その指揮をとったのは、伊豆韮山の代官で、大砲を製造するための反射炉を建設したことで知られる江川太郎左衛門であった。

わずか80トンという新造船は、着工からおよそ3か月で完成し、プチャーチンらを乗せて故国へと旅立っていったのである。この船に「戸田号」と命名したのは、プチャーチン自身であったという。恩を受けた日本側に対する、せめてもの感謝の気持ちだったのであろう。

3　安政南海地震

相次いだ巨大地震

安政東海地震が発生して、東海地方を中心に大災害となったその翌日、正確には約31時間後に、東海地震の西に隣接する海域、つまり紀伊半島から四国沖にかけてを震源域として、安政南海地震（M8・4）が発生した。1854年12月24日（安政元年11月5日）16時ごろのことであった。

被害は、中部地方から九州にまで及んだが、2つの地震の間隔があまりにも短かったため、近畿地方などでは、どちらの地震による被害なのか、古文書の記録から判別するのは難しい。また震源に近い沿岸部では、地震動による被害と津波による被害との区別がつきにくい。しかし全体としては、震害よりも津波被害の方が著しかったようである。

この地震により、伊予の道後温泉の湯が止まり、翌年2月23日に再び湧きだしたと伝えられる。南海地震の最古の記録とされる白鳳大地震（684年）のさい、『日本書紀』に「時に伊予の湯泉、没れて出でず」と記されているのも、道後温泉の湯脈が変化して、温泉の湧出が止まったことを意味していると考えられるが、まったく同様のことが起きたのである。

地盤の上下変動も、広範囲に発生した。現在の高知市付近で約1メートル、甲浦《かんのうら》で約1・2メートル、和歌山市付近で約1メートル沈下した。一方、室戸岬付近で1・2メートル、串本付近で約1メートル隆起した。

大津波は、紀伊半島の南西岸から四国の太平洋岸を襲い、紀伊半島南端の串本で波高15メートル、土佐の久礼で16メートルに達したとされる。

紀伊半島では、熊野から西の海岸で流失した集落が多く、和歌山領だけで、流失家屋８、４９６戸、死者６９９人、紀伊田辺領でも、家屋の全壊２５５戸、流失５３２戸、焼失４４２戸、死者24人を数えた。

昭和になってからまとめられた『田辺小史』には、田辺における災害の模様が、以下のように記されている。

「安政元年十一月四日、地大に震す。翌五日申下刻午後五時又々震動す、夜に入りて益甚し、已《すで》にして津浪起り沖の方にて大音響ありて大砲の如し、忽ち津浪押し来りて、大手通の土橋今の小学校北を壊る、本町横丁にて水の深さ五尺に至る、其夕、三栖口、橘屋嘉兵衛、岡屋源助の宅の間倒壊せる下より、火を発して忽ち四方に拡る、此時は人心胸々たる際とて、誰も消防に従事する者なし――」

津波による被害は、四国でも甚大であった。阿波の牟岐では、９メートルの津波によって家屋がすべて流失したという。

『牟岐村歴史資料』には、「――沖合震動シテ諸方鳴渡リ天地モ砕ケルバカリノ大地震前代未聞ノ大変トナリ瓦屋根ハ飛散リ地中一円ニ響キ破レ七ツ時ニ津浪トナリ人々ハ命カラカラ山上ニ逃出シ浜先ノ家々数百軒土蔵ニ至ル迄黒煙立テ土石飛バシ将碁倒シノ如ク残ルハ漸ク土蔵四五軒ノミ凡《オヨソ》汐ノ高サ三丈余又山々ノ麓へ指込ム汐先ハ五六丈トモ見エタリ元来津浪ハ大海ノ高汐トモ見エズ出羽大島ノ岬又ハ浜先ヨリ起リ地中ヨリハ水ヲ吹キ出シ流失人弐拾余人ニ至ル――」と記されている。

土佐領内でも、地震動により3、000戸あまりが全壊したうえ、3、200戸が津波で流失した。

高知周辺の被災状況について、『嘉永地震記』に載る小倉克治の手記には、次のように記されている。

「安政元寅年十一月五日夕七時《ナナツドキ》頃、地大イニ震ヒ国中其ノ災ニ罹ラザル所ナシ。中ニモ高知及ヒ近傍江廻リノ諸村モットモ烈シク、屋宅・倉庫土崩レノ響、男女老幼号泣ノ声、水鳥驚起ノ音、地震ト共ニ人ノ耳目ヲ驚カスノミナラズ、河水濁リテ減少シ、井水時ニ涸レ、堤破レ樹木抜ケ、コレニ加フルニ、北町火煙天ヲ焦ガス。数百千ヲ焼滅シ、海嘯マタ尋《ツ》イデ来リ、諸所ノ堤、コレガタメニ破レ、ツイニ潮江・新町下モ地・比島・田辺島・新木・高須・葛島等一面ノ海トナル。海上ハ人家ノ諸道具乱流セリ。海嘯ハ去来定ラズ、一日数々及ブ。北町・原野新町ノ人家皆水ニ沈ム。浦戸町・朝倉町ノ人家二丁四方焼失ス。其ノ余ハ皆大破セリ――」

大阪湾に津波襲来

安政南海地震は、すでに大都市となっていた大阪にも甚大な被害をもたらした。当時の大阪の人口は、約32万と推定されている。大阪では、前日に発生した東海地震と、この南海地震との双方によって、家屋や土蔵、寺社などに、倒壊や大破という被害を生じており、とりわけ御堂筋よりも西の地域で被害が大きかったという。南海地震による大阪の震度は、震度5強から6弱程度だったと推測される。

しかし、全体としてみれば、地震動そのものによる大阪市内の被害は比較的小規模で、むしろ津波による被害の方が大きかった。

安政南海地震による津波は、紀伊水道を北上し、地震発生から約2時間後、大阪湾に押し入ったのである。大阪湾沿岸での波高は、2・5〜3メートル前後だったと推定されている。

大阪は、いわば「水の都」であり、海から市中へ、船で直接物資を運べるように、「堀」と呼ばれる水路（堀川）が、縦横に開かれていた。また、市街地のほとんどが低平な沖積平野に発達しているため、津波が川を遡上すれば、たちまち溢れて浸水被害を引き起こすことになる。

18時ごろ、大阪湾に襲来した津波は、湾に流入する安治川や木津川の河口から堀川に入って遡上し、大災害となったのである。

河口付近に停泊していた樽廻船《たるかいせん》や北前船など、数百隻の大船が、安治川や道頓堀川、長堀川などの堀川を遡上しはじめた。これら堀川には、数多くの川船が浮かんでいた。遡上してきた大船は、川船に次々と衝突して破壊し、あるいは沈没させた。

さらに大船群は、堀川に架かる多数の橋を大破、崩落させた。道頓堀川に架かる大黒橋には、大小数百隻の船が、船の上に船また船と、二重三重に折り重なってしまったという。

堀川を遡上する津波と大船
（大阪歴史博物館蔵）

このときの模様について、当時のさまざまな文書には、以下のような記述がある。

「五日朝ノ大震ハ雷ノ如キ響アリ、人心恐怖シ、倉皇狼狽スル内、忽チ海口ヨリ二丈余ノ高サニテ潮水上陸シ、大小船舶一時ニ押シ上ケラレ、大船ノ檣《ホバシラ》ハ橋ヲ衝キ破リ、其ノ勢猛烈ナル、実ニ恐ルヘキ景況ニテ、道頓堀大黒橋マテ千五百石積ノ大船ヲ打チ上ケ、諸船積ミ重リ山ノ如シ」（『住友家史垂裕明鑑抄』）

「大黒橋際に大船横堰に成候故、川下より込入《いりこむ》船、小船を下敷に弥《いや》か上乗懸、大黒橋より西、松ケ鼻南北川筋一面、暫時船山をなして多く破船」（『大地震両川口津浪記』）
「夜五ツ頃、川下より騒敷《さわがしく》相成、津浪そと呼り候声とともに、波高く、思も不寄《よらず》大船、追々川下より登り来り、行合当り合、乗居候船は、岸より少し放れ居候処、前後左右船許《ばかり》にて、船子ども或は表を防ぎ、或はとも、面楫《おもかじ》、取楫《とりかじ》、無油断《ゆだんなく》相働、銘々共は、或は船子に加勢、或はかしこくも神を祈り奉りなど致し候――」（『橋村氏家来大坂より同家への書状』より）

津波による被害を拡大した要因としては、流木によるものが多かった。木津川や安治川の沿岸には、貯木場があったが、そこに蓄えられていた大量の木材が、津波により流出して破壊力を増したのである。

津波による大阪での死者は、３４１人と伝えられている。その大部分は、堀川に浮かんでいた川船に避難していた人びとであった。これらの川船は、川を遡上してきた大船群に衝突されたり、あるいは橋桁に衝突、転覆したりしたために、多くの人びとが川に投げだされ溺死したのである。

なぜ多数の市民が、地震のあと、川船などに避難したのであろうか。それは、この地震の半年近く前、１８５４年7月9日（旧6月15日）、伊賀上野付近を震源とする内陸直下地震があり、大阪も強い揺れに見舞われたため、余震を恐れた人びとが、堀川に浮かぶ船に逃げこみ、難を逃れたという体験があったからである。伊賀上野の地震は、内陸を震源とした地震であったから、もちろん津波は発生しなかった。その体験が、安政南海地震のときには裏目にでたのである。

前述したように、一つ前の南海トラフ巨大地震であった1707年宝永地震のときにも、津波が大船群を堀川に押し上げて多くの橋を破壊し、500人あまりの死者をだしている。落橋被害の分布から、安政南海地震のときよりも、宝永地震による津波の方が大きかったとも推定されている。

しかし、147年前のこの教訓が、まったく活かされることなく、再び津波による犠牲者をだしてしまったのである。

過去の被災体験を、防災に活かすことのできなかった大阪の人びとは、安政南海地震による苦い経験を後世に伝えて教訓にしようと、地震の翌年、木津川の渡し場（現在の大阪市浪速区幸町の大正橋東詰）に、石碑を建立した。

その碑文「大地震両川口津浪記」には、安政南海地震や宝永地震のとき、堀川でどのような災害があったのか、川船に乗っていたがために多くの溺死者をだした現実を踏まえて、今後も大地震が発生すれば必ず津波が来るから、川船に避難してはならない、という教えが刻みこまれている。

石碑は、今も地区の人びとの手によって管理されていて、石碑に刻まれた文字が消えないように、毎年1回、碑文に墨が入れられているという。時代をこえて、災害を伝承することの大切さを、この石碑は物語っているといえよう。

大正橋東詰めにある安政南海地震の津波碑

国語教材「稲むらの火」

第5章で取り上げる1983年日本海中部地震のさい、男鹿半島の加茂青砂海岸で、小学生13人が津波に流され犠牲になったとき、「もしあの教材が今も教科書に残っていたなら、この悲劇は防げたかもしれないのに」という声が上がった。ここでいう「あの教材」とは、むかし小学校の国語の教科書に載っていた「稲むらの火」を指していたのである。

「稲むらの火」は、戦時中から戦後にかけて使われていた国定教科書の尋常小学校5年生用「小学国語読本巻十」

と、その後の6年生用「初等科国語六」に載っていた教材である。

そのあらすじは、「ある海辺の村の高台に住んでいる庄屋の老人・五兵衛が、奇妙な揺れの地震を感じたあと、高台の端から、海水が沖へと引いていくのを見て、津波の襲来を予感する。そこで彼は、自宅の田圃に積んであった稲むら（刈り取ったばかりの稲の束）に、松明で火をつけて、庄屋の家が火事だと思わせ、村人すべてを高台に集めた。直後に津波が襲来して、村の家々はすべて流されたが、人びとの命は助かった」という物語である。

第十 稲むらの火
又一つ、五兵衛は夢中で走つた。かうして自分の田のすべての稲むらに火をつけてしまふと、松明を捨てた。まるで失神したやうに、彼はそこに突立つたまゝ、沖の方を眺めてゐた。

日はすでに没して、あたりがだんだん薄暗くなつて来た。稲むらの火は天をこがした。山寺では此の火を見て早鐘をつき出した。

「火事だ。庄屋さんの家だ。

五十五

「稲むらの火」が載る当時の教科書

この「稲むらの火」の物語は、当時の少年少女たちに大きな感動を呼び起こした。今とは違って、国定教科書だったから、全国の小学生がこの教材を学んでいた。私自身も例外ではない。これを学んだ人の多くが、他の教材は忘れていても、「稲むらの火」だけは鮮明に覚えているという。

戦時中であったから、軍国調の教材がほとんどを占めていたなかで、この物語だけはきわめて印象的であり、子どもたちの心に深い感銘を与えたのである。

「稲むらの火」が国語の教材として使われていたのは、１９３７年（昭和12年）４月から、戦後まもない１９４７年（昭和22年）３月までの10年間であった。

「稲むらの火」の原点は安政南海地震

「稲むらの火」の物語は、けっしてフィクションではない。そのモデルになった実話が存在するのである。

それは、１８５４年安政南海地震のとき、紀州和歌山藩広村（現・和歌山県広川町）での実話なのである。

紀伊半島の西海岸にある広村は、安政南海地震によって大津波に洗われた。

当時この広村に、濱口儀兵衛という人物がいた。彼は、下総の銚子で醤油業を営んでいたのだが、ちょうどこのときは、故郷の広村に帰っていた。儀兵衛は当時34歳、名家の主人として、よく村人の面倒を見、自分を犠牲にしてまで村のために尽くしていたので、村人からたいへん慕われる存在であった。

津波の第１波が襲来したとき、儀兵衛も多くの村人とともに流されたのだが、ようやく八幡神社のある小高い丘にすがりついて助かった。

第1波が引いたあと、儀兵衛はまだ下の村に多くの人が残っていることを知り、第2波の襲来に備えて、村人を八幡神社まで避難させようとした。しかし、日はすでに暮れてあたりは真っ暗。そこで彼は、若者たちに命じて、水田に積んであった稲むらに次々と火をつけさせ、あたりを明るく照らして避難路を確保してやったのである。やがて、第1波よりも高い第2波が襲ってきた。しかし、儀兵衛のこの機転によって、多くの村人が命を救われたのである。

その後、儀兵衛は「梧陵」と号して、村を将来の津波から守るために、莫大な私財を投じ、大堤防の築造に着手した。4年の歳月をかけて完成した堤防は、高さ4・5メートル、全長650メートルに及ぶものであった。こうして儀兵衛は、村人から「生き神様」として崇められるようになった。

彼の築造した大堤防は、1946年12月21日に起きた昭和の南海地震のとき、威力を発揮して、広村を大津波から守ったのである。

いうまでもなく、教材「稲むらの火」の五兵衛のモデルは、広村の濱口儀兵衛（梧陵）である。ではそれが、どのような経緯で国語の教科書に載るようになったのだろうか。

そこには、明治の作家ラフカディオ・ハーン（小泉八雲）が介在している。

1890年（明治23年）に来日したハーンは、1896年ごろ、神戸に在住していた。このとき、彼は東京帝国大学の講師に内定していて、９月から講義を始めることになっていた。その矢先の６月15日、三陸地方の沿岸を大津波が襲い、２万２、０００人もの犠牲者をだす大災害となった。いわゆる明治三陸地震津波である（第２章参照）。

この悲惨なニュースに接して、心を傷めたに違いないハーンは、災害から６日後の大阪毎日新聞に、かつての安政南海地震のさい、稲むらに火をつけさせて村人を救った濱口儀兵衛の美談が、記事として載ったことを知る。

こうして、明治三陸津波による大災害と、広村に伝わる美談とが、ハーンの脳裏で一体となって、彼は〝A Living God〟（生ける神）という短編を書き上げ、雑誌に発表したのである。この短編のなかで、ハーンは「儀兵衛」を〝Gohei〟（五兵衛）と改め、海を見下ろす高台に住む年老いた村の有力者としている。

ハーンのこの短編は、安政南海地震のときの広村とは、かなり異なる設定になっているのだが、この物語こそ、のちの教材「稲むらの火」の原形になったのである。

時代はくだって１９３４年（昭和９年）、文部省は、第四期国定教科書の制作にあたり、国語と修身の教材を全国に公募した。

そのころ、和歌山県の小学校で教鞭をとっていた一青年教師・中井常蔵が、ハーンの〝A

Living God" をもとにして、教材用に書き改め、「燃ゆる稲むら」と題して応募したところ、みごと採択されて、3年後から「稲むらの火」として国定教科書に登場することになったのである。

私は、生前の中井さんに面会する機会があった。彼は、広村の隣の湯浅町に生まれ、かつて濱口儀兵衛が創立した広村の耐久中学（創立時は耐久舎）に入学、儀兵衛が築造した大堤防の上を歩いて、6キロの道を5年間通いつづけたという。長じて師範学校に入った彼は、英語の教材としてハーンの "A Living God" を学び、これこそ自分の故郷に伝えられているあの物語だと直感し、大きな感動を覚えたという。

やがて教壇に立つことになった彼は、ハーンの短編に描かれた五兵衛の心を、何とか子どもたちに植えつけたいと願った。かねてから、子どもたちに愛される教材、子どもたちの心に響く教材をと願っていた彼は、"A Living God" に出あったときの感動をそのまま伝えようと、「燃ゆる稲むら」を書き上げ、応募したのだという。

そしてその感動は、彼の願いどおり、教材を通じて全国の子どもたちの心をとらえ、当時これを学んだ人びとには、鮮烈な記憶として焼きついているのである。

防災教育の名作

振り返ってみれば、「稲むらの火」は防災教育の不朽の名作だったといえよう。そこには、一年の収穫である稲むらを燃やしてまで、村人を救った五兵衛の物語を通して、人の命の大切さを教える防災の基本理念が盛りこまれている。

また、海水の異常な動きから、津波の襲来を予感する五兵衛の自然認識の確かさを通して、先人からの伝承がいかに大切なものであるかをも教えている。

さらに五兵衛の行動は、危険を予知したとき、速やかにその回避に努める、いわば地域防災の責任者としての行動であって、現代に通じる危機管理のモデルということができよう。

災害多発国日本で、防災の理念を正面切って声高に叫ぶよりも、「稲むらの火」のような感動的な物語を通して、人の心を打つ教育、情緒や情感に訴える教育の方が、はるかにまさっているように思えてならない。

ただ、一つだけ注意点がある。「稲むらの火」の印象が強烈だったため、「津波の前には、必ず海水が引く」と思いこんでいる人が少なくない。しかし実際には、海水が引くことなく、いきなり押し波で来ることがある。

「引き」で始まるか、「押し」で始まるかは、地震発生のしくみや海底地形がどのように変動したかなどによるのであって、ほぼ半々といってよい。このことだけは、あえて付記しておかねばならない。

4　昭和の東南海地震～戦争に消された大震災～

終戦前後は地震激動期

太平洋戦争が終結した1945年（昭和20年）前後の5年間は、日本列島大揺れの時代であった。とくに中部地方から西で大地震が相次いだのである。

1943年9月の鳥取地震、1944年12月の東南海地震、1945年1月の三河地震、1946年12月の南海地震、1948年6月の福井地震と、いずれも1,000人規模の犠牲者をだす大地震が、5年間に5つも相次いだのである。

このうち、東南海地震と南海地震は、南海トラフで起きた海溝型の巨大地震、そのほかの3つは、内陸の活断層が活動することによって発生した直下地震であった。

戦時中から戦後にかけての社会的混乱期に、日本の大地もまた激動期だったといえよう。これら5つの大地震による犠牲者を合計すると、9,700人以上に達している。そのなかでも、東南海地震と三河地震による災害は、戦時下の、それも日本の戦局が厳しさを増しているさなかに起きた震災だっただけに、その実態は、国民に知らされることがなかった。「隠された大震災」ともいわれている。

東南海地震の発生

１９４４年（昭和19年）12月７日の13時35分、東南海地震が発生した。地震の規模はM７・９、南海トラフに沿う３つの震源域のうち、真ん中の部分、つまり遠州灘から紀伊半島南東沖にかけて、プレート境界地震が発生したのである。

被害が大きかったのは、静岡、愛知、三重、和歌山の各県で、住家の全壊１万７、５９９戸、津波による流失３、１２９戸、死者・行方不明者は１、１８３人を数えた。

地震による直接の被害が目立ったのは静岡・愛知の両県で、静岡県下では、地盤の軟弱な浜名湖の周辺や、菊川や太田川の流域で多くの家屋が倒壊した。今井村（現・袋井市今井）では、３３６戸のうち３３２戸が倒壊、全壊率は95・８パーセントに達した。山梨町（現・袋井市山梨）でも、６２６戸のうち２４４戸（39・０パーセント）が全壊した。

愛知県下では、とくに伊勢湾の北部、名古屋市から半田市にかけての港湾地帯に立地していた軍需工場が倒壊して、多くの死者がでた。なかでも悲惨だったのは、戦時中の勤労動員によって、軍需工場で働かされていた中学生が、多数死傷したことである。工場の下敷きになって死亡した人は、中学生も含めて約160人といわれている。

これらの工場は、古い紡績工場を改造したもので、当時「零戦《ぜろせん》」と呼ばれていた戦闘機や、「彩雲」と呼ばれていた偵察機などを製造していた。工場の中で造られた航空機を外へ出すためには、壁があっては出すことができない。そのため、工場では壁を抜き、柱も何本か抜いていた。つまり、地震に対する配慮などは全くなされていなかったため、激震によってたちまち倒壊し、多くの人命を奪う結果となったのである。

愛知県半田市の被害（飯田汲事氏提供）

倒壊した半田市内の工場

熊野灘沿岸に大津波

東南海地震は、海溝型の巨大地震だったから、当然大津波が発生した。津波による被害が大きかったのは、紀伊半島の南東海岸、つまり熊野灘に面した沿岸部であった。津波の波高は、三重県の尾鷲で９メートル、錦で７メートル、吉津で６メートル、和歌山県の新宮でも３メートルに達した。

三重県尾鷲市の津波被害

尾鷲には、地震から26分後に津波が襲来した。第１波よりも第２波の方が高く、港に停泊していた漁船を陸に押し上げ、家々を破壊した。せっかく避難したものの、第１波が去ってから、何か品物を持ちだそうとして家に戻り、第２波に呑みこまれた人も少なくなかったという。津波で流失または倒壊した家屋は５４８戸、死者・行方不明者は96人を数えた。

錦（現・三重県大紀町錦）も、津波により壊滅的な災害となった。『錦町昭和大海嘯記録』には、そのときの惨状が詳しく記されている。要約すると、「地震後十数分で大津波が襲来し、飛沫を立て、堤防から逆巻く怒涛となって押し寄せ、驚いた町民は、いち早く避難した。海岸沿いの大半の民家は、たちまち将棋倒しになり、倒壊した家屋の古材が浦に充満した。古材の上に乗って救いを求める者、あるいは、沖に出漁していた漁民が、家を案じて戻ってきたとき、船が転覆して溺死する者もあったが、どうすることもできず、人びとは地団駄を踏んで泣き叫んだ。津波は、2回、3回、4回と襲いかかり、倒壊した戸数は192、流失した戸数は155、死者は64人に達した。両親を失った者、最愛の妻子をなくした者、甚だしいのは、子ども1人だけを残して、一家が犠牲になった家庭もある。被災者は、着の身着のままで、食べるものもなく、住む家もなく、寒空に1枚の夜具もないありさまだった」と記されている。

三重県での津波による被害は、家屋の全壊および流失が2、740戸、死者・行方不明者は586人に達した。和歌山県では、新宮市などで、家屋の全壊と流失が210戸、死者・行方不明者が50人にのぼった。

諏訪市の飛び地的被害

長野県諏訪市は、東南海地震の震源域から250キロほど離れていたにもかかわらず、多数の建物が全半壊するなどの被害を生じた。諏訪湖の沿岸に発達している諏訪市は、地盤が軟弱なため、おそらく震度6に相当するような揺れに襲われたのであろう。

太古の諏訪湖は、さらに南の方へ広がっていて、現在の2倍ほどの面積があったという。その後、河川の運んできた堆積物によって、南半分が埋め立てられ、その軟弱地盤の土地に市街地が発達してきたという経緯がある。

当時、諏訪湖の沿岸には、多くの軍需工場が立ち並び、軍需品の生産が盛んであった。地震の当日、諏訪市全域では、敵機の来襲に備えて、防空訓練が行われていた。そこへ13時35分すぎ、激しい山鳴りとともに、大きな揺れが襲いかかってきた。

「敵機の爆撃だ！」という声も上がったという。たちまち、民家や工場が各所で倒壊し、土煙が舞い上がった。

この日、諏訪警察署長は、市民に対して次のような布告を発している。

「本日午後1時40分ごろ、諏訪市を震源とする地震発生。市内に大きな損害がでたが、郡民は流言に惑わされず、復旧と生産に励め」。

諏訪署長が、この布告のなかで、「諏訪市を震源とする地震」と発表したのは、市民に諏訪の局地的地震と思いこませ、名古屋方面の大震災について知る機会を与えない意図があったからと考えられる。そのため諏訪の市民は、戦後の長いあいだ、この地震を「諏訪地震」と呼んでいた。

諏訪の市民が、これを東南海地震だったと知るのは、地震から40年を経た1984年のことである。この年の9月14日、長野県西部地震（M6・8）が発生し、御嶽山が大崩壊するなど、王滝村を中心に大災害に見舞われた。この地震が契機となって、1944年に起きた「諏訪地震」の真相を知ろうと、市民有志が立ち上がり、当時の中央気象台による『極秘　昭和十九年十二月七日東南海大地震調査概報』や『気象要覧』などを調べ、地震の実態を明らかにしたのである。

また市民は「東南海地震体験者の会」を組織して、地震当時の貴重な証言をまとめ、『東南海地震記録集』として出版した。それによれば、諏訪市での被害は、全壊21（工場事業所8、民家13）、半壊82（工場事業所7、民家73、学校・寺院2）となっている。幸い死者はでなかった。市民の積極的な活動が、地震の真相と災害の実態を明らかにするという大きな役割を果たしたものといえよう。

隠された大地震

東南海地震は、これほどの大災害をもたらしたにもかかわらず、国民にほとんど知らされることはなかった。戦時中で、厳しい報道管制が布かれていたからである。

このころ、太平洋戦争における日本の戦局は、悪化の一途をたどっていた。開戦当初は勝利の連続だった日本軍は、1942年5月の珊瑚海海戦や、同年6月のミッドウェイ海戦で大きな打撃を受け、翌年2月まで続いたガダルカナルの戦闘では、日本軍はほぼ全滅状態になっていた。

やがて、日本軍が占領していた南部から中部の太平洋の島々は、次々と米軍に奪い返され、1944年6月には、マリアナ諸島のサイパン島も米軍の手に落ちてしまった。さらに10月には、フィリピン沖の海戦で、日本の連合艦隊は敗北し、レイテ島もアメリカ軍に奪還されてしまった。

サイパン島を奪還したアメリカ軍は、すぐ空軍基地を整備し、日本本土への空襲を目指した。1944年11月24日には、東京が初めて米軍機の空襲を受けた。そして、本土空襲への不安が国民のあいだに広がりはじめた12月7日、東南海地震が発生したのである。

日本の戦局は、すでに末期的な症状を呈していたのだが、当時の軍部は、各地の戦闘で敗北したことをひた隠しにしたうえ、日本軍が大きな戦果を挙げたという偽の情報だけを強調していた。そうした報道のおかしさに、国民もうすうす気づきはじめていたようである。

そのような空気のなかで、もし日本の中枢にあたる地域が、大震災に見舞われたことなどを公表すれば、国民の戦意喪失につながるのではないかとして、真実は国民の耳目から遠ざけられてしまったのである。

東南海地震の翌日、つまり12月8日の朝刊を見ると、どの新聞もその第1面は、軍服姿の昭和天皇の写真が大きく載せられ、まわりは、威勢のよい戦争記事などで飾られている。なぜ天皇の写真が1面のトップを占めているかといえば、この12月8日は、3年前の1941年（昭和16年）、米英に対して宣戦を布告するという開戦の詔書を戴いた日（大詔奉戴日）だったからである。

朝日新聞
高千穂部隊降下
一億特攻 大東亜戦争第四年へ
佛印から廣西へ
サイパン爆撃
同十五機を撃墜

翌12月８日の朝日新聞第１面

では、前日に起きた地震の記事はどこにあるのかと探してみると、たとえば朝日新聞では、社会面の下の方に「昨日の地震」と題した小さな記事があるだけで、その中身も、「一部に倒半壊の建物と死傷者をだしたのみで、大した被害もなく、郷土防衛に挺身する必勝魂は、はからずもここに逞しい空襲と戦う片鱗を示し、復旧に凱歌を上げた」（一部字句を改め）などと書かれていて、もちろん被災地の写真などは載せられていない。

当時、新聞やラジオ放送は、「軍機保護法」という法律によって厳しく規制されていて、マスメディアは、真実を伝えることなどできなかったのである。

しかも、各地での戦闘に敗北して、多くの航空機を失い、それを補うための増産が急務だった航空機工場が、大地震によって壊滅したことは、航空兵力にとって致命的な打撃であった。

factories."
ite a different picture was
ared by Father Joseph Lynch,
seismologist at Fordham Uni-
ty in New York, an outstand-
earthquake authority.
said Thursday's disturbance
have been felt almost clear
ss Japan, from east to west,
ely up to 100 miles inland
the Pacific coast.
a 1923 quake, a lesser disturb-
he pointed out, thrust the
nd up, in some places as much
x and one-half feet. Thurs-
displacement must have been
er, and more buildings must
crashed or tumbled as a re-

errifying Water Wall Seen
ther Lynch thinks the tidal
must have been a terrifying
wall, possibly sixty to sev-
feet high, when it hit Japan's
Tidal waves increase in size
portion to a quake's distance
shore.
rsday's quake was five times
er from Japan than the earth-
of twenty-one years ago.
tidal fury that rushed into
Bay, Sagami Bay, Ise Bay
Suruga Bay must have car-
shipping far inland, crushing
its path, he said.
r shipping might well have
included, Father Lynch
ht. He said a tidal wave,

ka Bay, has 3,250,000 population
and enormous textile, machinery,
metal and mechanical factories.
Nagoya was a great pre-war
aviation center, the home of the

Associated Press said.
Father Lynch seemed inclined
to laugh this off. "Fantastic," he
called this theory. "Utterly fan-
tastic."

JAPANESE CENTERS DAMAGED BY QUAKE

Dec. 8, 1944
Tokyo, acknowledging that war factories as well as house
had been hit by the quake and the ensuing tidal wave and lan
slides, listed Osaka, Nagoya, Hamamatsu, Shizuoka an

日本の地震災害を伝えるニューヨークタイムズの記事

したがって、軍需工場の被災が外部にもれないよう、機密の保持が最重要課題だったのである。

しかし、アメリカは知っていた。東南海地震による津波は、太平洋を横断して、ハワイやアメリカの西海岸に達し、検潮儀に記録されていたのである。また、M８クラスの巨大地震ともなれば、地震の波は地球をまわる。アメリカだけでなく、世界の地震観測網が、日本での大地震の発生をとらえていた。

現実に、ニューヨークタイムズやワシントンポストなど、アメリカの新聞は、日本の中部で大地震のあったことや、軍需工場が壊滅的な打撃を受けたことなどを大きく報道していた。まさに、「知らぬは日本国民ばかり」だったのである。

それかあらぬか、このあと名古屋市は、追い打ちをかけられるように、空襲の洗礼をたびたび受けることになる。地震から6日後の12月13日には、80機のB29が襲来、三菱発動機製作所などで死者330人、焼失487戸、18日には73機が襲来して、三菱航空機製作所などで死者334人、焼失323戸、さらに年が明けた1945年1月3日には、78機のB29が名古屋市を空襲して、死者70人がでるとともに、3、588戸の民家が焼失した。中京圏にとっては、まさに「泣きっ面に蜂」の戦災だったのである。

5　昭和の南海地震

災害の状況が、ほとんど国民に知らされることのなかった東南海地震の発生から、37日後の1945年（昭和20年）1月13日未明、愛知県南部を震源として、三河地震（M6・8）が発生、地表に地震断層（深溝《ふこうづ》断層）を生じるなど、激震によって住家7、200戸あまりが全壊、2、306人の死者がでた。そのなかには、戦時中の疎開学童31人が含まれている。この震災についても、全国に伝えられることはなかった。

この三河地震から７か月後の８月15日に、日本は終戦を迎えたのだが、それからわずか１年４か月後の１９４６年（昭和21年）12月21日の未明４時19分に、南海地震が発生した。南海トラフに沿う３つの震源域のうち、最西端の部分が活動して起こした地震で、規模はＭ８・０とされている。

長期にわたった戦争の後遺症が続くなか、戦災に遭った町では、急ごしらえのバラック建ての家で、人びとは苦しい生活に耐えていた。食料も衣料も不足し、日本の経済は混乱、物価はどんどん上昇するという社会情勢のさなかに大地震が発生したのである。

地震と津波による被害は、中部から近畿、四国、九州にまで及んだ。被災地全体で、死者１、３３０人、家屋の全壊１万１、５９１戸、焼失２、５９８戸、津波による流失約１、４５１戸を数えている。

最も被害が大きかったのは、高知県の中村町（現・四万十市）で、２、４００戸あまりが全壊、火災によって62戸が焼失、２７３人の死者がでた。四万十川にかかる鉄橋も、９スパンのうち６スパンが落下した。

とくに広域的な火災となったのは和歌山県新宮市で、多くの家屋が倒壊すると同時に火災が発生して17時間も燃えつづけ、市街地の3分の1あまり、約2、400戸が焼失した。
地震の揺れによって、各所で水道管が破裂したため、消火用の水が使えなかったことが、延焼を拡大させた要因といわれる。

津波による被害

津波は、房総半島から九州にいたる太平洋沿岸を襲った。全般に、地震そのものによる被害よりも、津波による被害の方が大きく、三重、和歌山、徳島、高知各県の沿岸では、津波の波高が4~6メートルあまりに達し、紀伊半島南端の串本町袋では、6・9メートルを記録している。

高知県の須崎港には、地震から10分後に津波が到達し、その後2時間半ほどのあいだに、6、7回襲来したという。とりわけ、津波とともに押し寄せてきた流木が、避難行動を妨げて被害を拡大した。須崎だけで、流失家屋168戸、死者68人を数えている。

四国における津波被害は、高知県とともに徳島県でも大きかった。とくに浅川村（現・海陽町浅川）の被害は甚大で、浅川港では、地震から十数分後に大津波が襲来した。

この港は、V字型に開いた湾の奥にあったため、津波は一気に波高を増したうえ、そのまま陸へ這い上がり、多くの家屋を流失した。さらに津波は浦上川を遡上し、周辺に溢れて、広範囲にわたる浸水被害をもたらしたのである。

『南海大地震浅川村震災誌』によると、津波の第1波が襲来したのは4時40分で、高さは3・6メートル、第2波の襲来は4時55分で5・2メートル、第3波は5時10分で、4・4メートルとなっていて、第2波が最も高かったことがわかる。

津波に洗われた徳島県浅川港

当時、避難した高台の上から浅川港を見下ろしていた人の証言によると、津波の第2波が去ったあと、海水が800メートルほど沖合まで引いて、海底が見えるようになり、海岸近くにいたイカ釣りの船が、1・5キロほど沖へ引かれていったという。

徳島県海南町（現・海陽町）が、南海地震の40年後にあたる1986年に刊行した『宿命の浅川港』には、大津波を体験した住民37人の談話や手記が載っていて、貴重な資料となっている。そのなかに、当時41歳だった女性の体験談があるので、要約してみる。

「ドォーッと沖が鳴って、津波が来た。急いで角の地蔵さんの所まで来たら、もう波が腰まで来ていて驚いた。私は子どものときから水泳が達者だったので、別に恐ろしいとも思わなかった。『津波が来たら泳いだらええわ』ぐらいの軽い気持ちだったけど、あのときは、泳ごうにも泳げなかった。2間（3・6メートル）近くもあるような大きな材木が並んで、ザーッと蛇のように流れていった。――（中略）――どうしようかと思っているうちに、水は首まで来た。材木が腰にあたって倒れて、浮きつ沈みつ西の方へ流された。浜崎医院の前で、どれぐらい潮が来ているのかと思って立ってみたら、ズボッと沈んで頭の上まで潮が来ていた。――（中略）――家族と離ればなれになり、名前を呼ぶ声や泣き叫ぶ声が、前からも横からも聞こえて、何とも言いようがなかった。大きい波が来ると、家を突き飛ばし、ゴー、ドスンといっただけで、きれいに地盤だけになってしまう。一瞬のうちに何もかもさらっていく。ほんとうに、この世の地獄とは、このことなのかと思った」。

『宿命の浅川港』には、4人姉妹のうち、長女が四女を背負ったまま2人とも死亡した例や、母親が流木に足をさらわれて死亡した例、母親が家から出てくるのを待っていて、波に呑まれてしまった子どもの話など、悲しい体験談がいくつも載っている。

浅川村の被害は、家屋の全壊364戸、流失44戸、死者は85人を数えた。

温泉の変化・地盤の変動

昭和南海地震では、各地の温泉で湯量の変化が見られた。大分県別府近郊の温泉などでは湯量が増し、一方、和歌山県の白浜温泉や、愛媛県松山市の道後温泉などでは、湧出量が減少したり、停止するなどの影響が現れた。

古くから開かれている道後温泉では、６８４年の白鳳大地震のときにも、温泉の湧出が止まったことが『日本書紀』に記されており、以後に発生した南海トラフ地震のたびに、湯量の減少や停止の起きたことが知られている。

また、昭和南海地震のときには、顕著な地盤の変動が見られた。四国の室戸岬では１メートル27センチ、足摺岬では60センチ、紀伊半島南端の潮岬では70センチ、それぞれ地盤が隆起し、反対に高知市や須崎では、１メートル20センチほど地盤が沈降した。そのため、津波に見舞われた高知市の周辺では、約９・３平方キロ、須崎で約３・０平方キロの範囲で、土地の浸水した状態がしばらく続いたという。

太古から南海地震が発生するたびに、現在の高知市周辺の地盤が必ず沈降することはよく知られていて、白鳳大地震のときにも、『日本書紀』に、土佐の国の田や畑が50万頃《しろ》（12平方キロ）あまり沈下して海になったと記されている。

一般に、海溝型の巨大地震が発生すると、半島の先端は大きく隆起し、背後の土地は沈降するのである。

森繁久弥氏の津波体験記

先年亡くなった俳優の森繁久弥氏は、この南海地震が起きたとき、偶然にも徳島県の被災地にいて、大津波を体験した。そのときの回想を著書『森繁自伝』に記している。

太平洋戦争が終わるまで、森繁さんは、当時の満州・新京の放送局で、ＮＨＫのアナウンサーをしていた。『森繁自伝』は、やがて満州で終戦を迎え、苦労を重ねつつ引き揚げてきてから、俳優として成功をおさめるまでの回想録である。そのなかで、１９４６年の南海地震津波を、徳島県の奥浦（現・海陽町奥浦）で体験したときの手記を、この自伝に載せている。当時、彼は33歳であった。

家族とともに日本へ帰ってきた森繁さんは、職もなく、すっかり食いつめてしまったところへ、ある人の紹介で徳島県奥浦へ行くことになる。それは魚の闇屋をして、ひと儲けしようという誘いであった。彼は家族を東京に残して、単身奥浦に向かう。その闇屋というのは、大謀網で獲れた魚を西宮の港へ運び、大会社に卸して大儲けをしようという企みであった。

森繁さんが現地に着いたのは12月20日の午後。宿泊する旅館で、関係者とともに明日の成功を祈って祝杯をあげたあと眠りについた。その夢をくつがえす大地震が、翌朝に起きたのである。

「暗黒の闇がドシンと大きくゆれたと同時に、寝ている私の頭に異様な物体が落下して来て目がさめた。はね起きた私は足を払われてステンとのめり、またも何かが落ちて来た。地震だ！梁が不気味な音をたててきしみ、いまにもこの家が倒れるようである。──（中略）──はだしで表へ飛び出したら、遠く提灯が動いて、『津波だ、津波が来たぞ！山へ逃げろ！』の声が闇をつんざいて聞えて来た。『山はどこだ』、山も海も分からない。腰が抜けて立ち上れないのを、誰かがぐいと引っ張り挙げてくれた」（「森繁自伝」より）

このあと森繁さんは、前夜に知り合った案内役の男性と、自転車を飛ばして彼の家へと走る。その途中で、大きな船が山の中腹にまで打ち上げられ、田圃が泥海と化していたなど、津波に特有の光景が綴られている。

ようやくその人の村に着いてみると、家々は跡形もなく流され失われていた。家族はどこへ避難したのか、２人は村人が避難していると聞いた山へと走る。家族を探して、必死に駆けずりまわっているうちに、お堂の中からその人の６人の子どもたちが、ぞろぞろと出てきた。子どもたちは無事だった。しかし、母親の姿が見えない。子どもたちに聞くと、「母ちゃんなァ、みんなを連れてここまで来たけど、またお金とりに戻った」というではないか。大あわてで、泥の海となった田圃を探してみると、母親は泥まみれになって、田圃の桑の木に引っかかり、息絶えていた。

「二人して顔の泥を落してやり、髪を洗ってやり、着物をぬがしてやっていたら、帯の奥からポトリと財布が落ちて来た。私はなぐさめの言葉もなく彼と一緒に泣いた」。

『森繁自伝』に載るこの出来事は、たいへん悲しいエピソードだが、ここには一つの教訓がある。それは、いったん高台などへ避難したなら、絶対にモノを取りに戻ってはいけないということである。せっかく避難したのに、大切な物を家に置いてきたといって取りに帰り、津波に流されてしまったという例は、1993年に北海道・奥尻島を襲った大津波のときなど、近年の津波災害の折にも見られたことである。

南海地震津波に遭遇して、一攫千金の夢を絶たれた森繁さんは、すごすごと東京へ引き揚げるのだが、大津波襲来の現場に居合わせた体験から、津波が襲来したときの状況を回想して、次のように記している。

「津浪というのは、最初二メートルほどの波が襲って来て、あっというまに入口から窓から侵入する。そして畳や箪笥を浮かし、見る見るうちに鴨居近くまで上って来る！　かと思うや、それより早い勢いですーっと引いて行くのである。この力が、来る時の何倍かで、四方の壁をついでにひっさらって行く。壁がなくなると日本家屋はまったくもろいもので、続いての第二波が倍の高さで襲って来ると、こんどは屋台骨がバラバラとくずれ、屋根がドシンと下に落ちる。つづいてこんどは三倍の第三波が襲い、これに乗って屋根も箪笥も柱も、すべては山や田圃に運び去られてしまうのである」

この文章から、木造家屋が津波によって破壊されていくときの状況を、正確に読み取ることができる。

さらに、①津波は、引いていくときの力が大きいこと、②第1波よりも、第2波、第3波の方が高かったことなど、防災上の教訓が述べられていることもわかるのである。

このように『森繁自伝』に記された南海地震津波の体験記は、将来の津波防災に役立つ貴重な証言だったということができよう。

第5章　日本海側の大地震

1　1964年新潟地震

粟島沖M7・5

1964年（昭和39年）の6月、新潟市など日本海沿岸を大地震が襲った。「新潟地震」と呼ばれるこの地震が発生したのは、6月16日13時1分、震源は新潟市から北へ50キロほど離れた粟島の南の海底下で、震源域は南北約100キロに及んでいる。地震の規模はM7・5、震源の深さは34キロであった。

当時NHKの科学番組ディレクターであった私は、地震の翌日、東大地震研究所の金井清教授とともに、上越線の急行列車で現地入りした。新潟駅の構内が被災していたため、列車は新津駅止まり、そこから新津市役所の車で新潟市に入って取材をつづけた記憶がある。

新潟地震の起きた1964年は、10月に東京オリンピックが開催されることになっていたため、例年なら秋に行われる国民体育大会が、６月６日から新潟市で開かれ、６月10日に閉会したばかりであった。そのわずか６日後に新潟地震が発生したのである。

この地震により、山形県から新潟県の日本海側では、ほとんどの地域が震度５の揺れに見舞われ、山形県鶴岡市では震度６を記録している。鶴岡の震度６は、日本海沿岸で起きた地震としては、地震観測が始まって以来、最大の震度であった。

地震直後の新潟市全景（石油タンク群が炎上し、昭和大橋が落橋している）

地震による被害は、新潟・山形・秋田各県をはじめとして９県に及び、死者26人、負傷者４４７人、全壊家屋１、９６０戸、半壊６、６４０戸、全焼２９０戸、浸水１万５、２９７戸を数えた。死者の内訳は、新潟県13人、山形県９人、秋田県４人となっている。

家屋などの全半壊が多かったのは、新潟県下では、新潟市、神林村、中条町、水原《すいばら》町、山形県下では、酒田市、鶴岡市、遊佐《ゆざ》町、温海《あつみ》町などであった。神林村の塩谷集落では、全戸数３１６のうち、半数にあたる１５２戸が全半壊した。

鶴岡市の西、大山町では、50戸のうち10戸が全壊し、道林寺では、墓石の９割が転倒している。

鶴岡市では、老朽化した幼稚園の園舎が倒壊して、園児３人が圧死した。また酒田市では、中学校のグランドに生じた亀裂に、２年生の女子生徒が転落し、病院に搬送されたが死亡するという事故も起きた。

信濃川を遡上した津波による浸水

海底下の地震であったため、津波が発生した。津波は、地震発生から約15分後に沿岸部を襲い、新潟市で４メートル、村上市や佐渡島などで３メートル以上の最大波高を観測した。一部では、砂浜への駆け上がりで、６メートルを記録した地点のあったことも報告されている。遠く離れた島根県の隠岐の島でも水田が冠水したという。

津波による犠牲者はでなかったが、岩船町などでは、河川を遡上した津波によって、多数の漁船が橋脚に打ちつけられているのを見た記憶がある。

新潟市では、信濃川を遡上した津波により、広範囲にわたって浸水被害を生じ、なかには1か月も冠水したままになっていた地区もあった。

震源に近い粟島は、地震とともに全体として約1メートル隆起した。隆起量は、島の東部で平均1・3メートル、西部で0・9メートルで、傾動しつつ隆起したことを示している。

一方、粟島の対岸にあたる山形県から新潟県村上市にかけての沿岸部は、20センチほど沈降した。

石油タンク群の火災

新潟地震による被害が目立ったのは、震度6を記録した鶴岡市のある山形県ではなく、新潟市を中心とする新潟県下であった。県内の死者は、半数にあたる13人、負傷者は全体の7割以上の315人、また家屋の被害も全体の半数以上にのぼった。

とりわけ新潟市での災害を特徴づけたのは、砂地盤で起きた液状化現象によって、建物や土木構造物に大きな被害を生じたことと、海岸地帯にある石油コンビナートで、大型の石油タンク群が爆発炎上し、2週間あまり燃えつづけたことである。

地震の発生が13時すぎで、昼食時を過ぎていたこともあり、火災の発生は9件にとどまった。うち4件はすぐ消し止められ、3件も広域火災にはいたらなかった。しかしその一方で、大規模火災に発展したのは、残り2件の石油タンク火災であった。

地震の直後、昭和石油新潟製油所の原油タンクから出火した。石油工場には、タンク火災を防ぐために、自動消火剤を投入する設備があったのだが、地震による停電のため作動せず、初期消火が不能となって爆発炎上し、たちまち他の４つのタンクに燃え移ったのである。

この火災は、国内で起きたコンビナート火災としては、史上最悪のものだったといわれている。

炎上する石油タンク群（消防庁「新潟地震火災に関する研究」より）

地震の翌日、新潟の現地に入って、凄まじい黒煙を上げて燃えつづけるタンク群を、信濃川に架かる万代橋の上から眺めたときの状況は、今も目に焼きついている。

出火原因については、当初、液状化現象によるものとも考えられていたが、その後の検証から、長周期地震動がもたらした「スロッシング現象」による出火だったことが明らかになった。

２００３年９月26日に発生した十勝沖地震（Ｍ８・０）のさい、苫小牧市にある出光興産北海道製油所のナフサ貯蔵タンクが炎上したことはよく知られているが、この火災もスロッシング現象によるものであった。

スロッシング現象とは、「液体容器の振動によって引き起こされる内容液の液面振動」のことを指す。要約すれば、石油タンクや船舶に積載されているタンク内の石油が、長周期の地震動と共振して、大きく揺れる現象である。つまり、地震波の周期とタンク内の石油の固有振動周期とがほぼ一致した場合に、共振を起こして大きく揺れ、浮き屋根が揺れ動いて生じた火花などから引火して、タンク火災に発展したものと考えられているのである。

当時の新潟市には、石油タンクなどの火災に対応できる化学消防車が配備されていなかったため、東京消防庁に応援を要請した。火災が広がり、一時は水素タンクにも類焼の危険が及んだ。もし水素タンクが類焼していたなら、新潟市全域に被害の及ぶ危険性もあったが、東京から駆けつけた化学消防車5台による懸命な消火作業の結果、類焼を免れたのである。

さしものタンク火災が鎮火したのは、地震から半月を経た7月1日のことであった。

また、この地震では民家290戸が焼失している。この火災は、石油と津波が関与して発生したものである。地震の揺れにより、地下を走る石油管が破損して、漏れでた油が津波によって水面上を運ばれ、そこに着火して多数の民家に燃え移ったものと考えられている。

新潟地震における石油タンク群の大規模火災を契機にして、石油コンビナートの地震防災対策が検討されることになった。その結果、石油タンクに泡沫消火剤を投入する放水塔付きの消防車やジェット式消防車、火源探知機や消防弾など、消防車や消防設備の技術開発が進められることになったのである。

大規模な液状化災害

新潟地震による災害を特徴づけたのは、上述の石油タンク群の火災とともに、地盤の液状化現象による建築物や土木構造物などの被害であった。地震動と液状化によって、建物や橋梁などに大きな被害がでたのである。

とくに、国民体育大会に間に合わせて新設され、6月1日に開通したばかりの昭和大橋が、半月後の地震で落橋したことは、関係者に大きな衝撃を与えた。大橋の橋桁10スパンのうち5スパンが落下したのである。

まさに新潟地震による災害は、戦後の近代都市が初めて受けた震災であった。

私たち取材班が地震の翌日、新潟市内に入ったとき、信濃川に沿う市街地は、津波による浸水と、液状化によって地中から噴きだした大量の砂まじりの水で、惨憺たる状況だったことを記憶している。噴砂が1メートル以上も堆積していた地区もあった。

ただ新潟地震当時は、「液状化現象」という言葉はまだ使われておらず、行政もマスコミも「流砂現象」などと称していた。新潟地震を契機に、「液状化現象」という用語が定着したといっていい。

液状化による被害は、新潟平野や酒田平野で広範囲に及んだ。とくに新潟市内では、多くの建物が不同沈下したり傾いたりした。１、５００棟ほどあった鉄筋コンクリート造りの建物のうち、２割をこえる３１０棟に何らかの被害を生じ、そのうち３分の２が沈下あるいは傾いてしまった。ＮＨＫ新潟放送局の局舎も、１メートルほど沈下していたことを覚えている。

液状化による被害

液状化により傾いたビル

信濃川の左岸にあたる川岸町にあった県営アパート７棟が、ほとんど損傷を受けないまま傾斜し、うち１棟は、ほぼ横倒しになってしまった。このアパートの４階に住んでいた主婦が、地震に驚いて屋上に駆け上がったところ、建物がずるずると傾いていって、気がついたときには、地面から３、４メートルの高さにいたという。彼女は、通りがかりの人に箱などを積み上げてもらって、助けだされたそうである。

新潟国体のために新設された競技場や体育館も、液状化によって損壊し、使用不能になった。

横倒しになった県営アパート

波打った鉄道線路

新潟空港では、滑走路をはじめ、空港ビル周辺の地盤で液状化が発生し、地中から大量の砂や水を噴きだすとともに、亀裂や沈下が起きたために、空港機能が麻痺してしまった。

また道路には、いたる所で亀裂や段差を生じた。新潟駅では、駅舎やホームが波打ち、線路も蛇行し、跨線橋が落下するなどの被害がでた。

先に述べた昭和大橋の落橋も、信濃川の川底で液状化が起きて、橋脚が大きく揺らいだためだったと見られている。橋上を走行している車がなかったのは、せめてもの幸いであった。

甚大な地盤災害だっただけに、水道や都市ガスなどライフラインが寸断され、市民生活を直撃した。地下に埋設された水道管やガス管などが破損したためである。市内全域で水道が復旧したのは、地震から約1か月後、都市ガスにいたっては、完全に復旧したのが6か月後のことであった。

また、液状化によって、地盤そのものが水平方向に大きく流動したために、一部のビルでは、地中の支持杭がすべて折れてしまっていたという事実も、その後の調査から明らかになっている。このような現象は、地盤の「側方流動」と呼ばれ、地中の構造物に多大な被害をもたらしてしまうのである。

液状化の起きるしくみ

液状化というのは、文字どおり、固体であったはずの地盤が液体状になってしまう現象である。

一般に液状化現象は、よく揃ったゆる詰めの砂の地盤で、地下水の水位が浅い地盤環境のところで発生しやすい。

砂地盤では、普段は砂粒どうしが互いの支持力、いわば噛みあわせの力によって、しっかりと支えあっている。ところが、ここに強い地震の揺れが襲ってくると、地下水の圧力（間隙水圧）が高まり、砂粒どうしを結んでいた支持力がはずれて、砂粒はばらばらになってしまう。そして、砂まじりの水を大量に噴きだす噴砂現象が発生する。それとともに、地表では段差や亀裂が生じて、地上の構造物に大きな被害をもたらすのである。

つまり、「砂＋水」という地盤環境が、液状化の条件ということができよう。港湾地帯や河川の下流域、地下水位が高い砂丘の内陸側、湖沼の周辺低地などが、液状化の発生しやすい地域なのだが、近年とくに目立つのは、港湾や河川を埋め立てて開発した地域で、液状化災害が多発していることである。

埋め立て開発が招いた液状化災害

新潟地震によって、顕著な液状化被害を生じた地域の分布を地図上に描いてみると、興味深い事実が明らかになった。

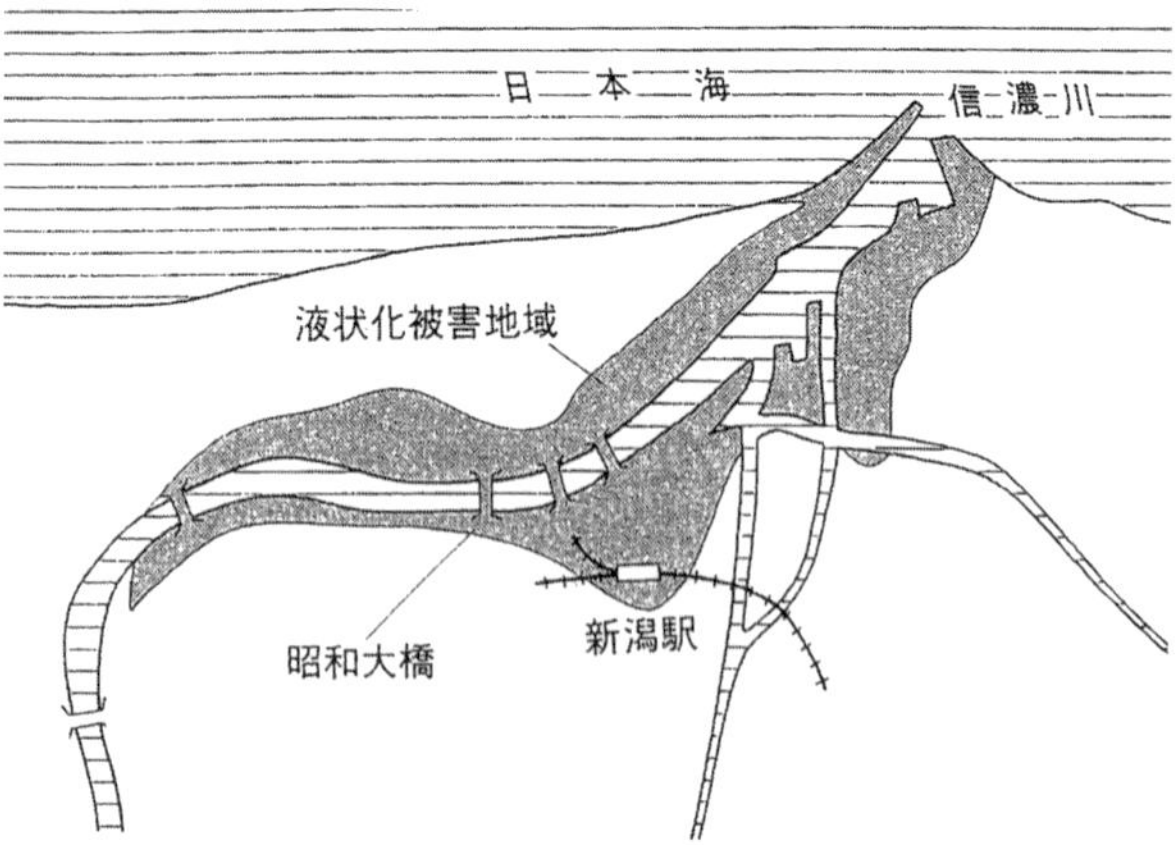

液状化被害分布が再現した信濃川の旧河道

被害の大きかった地域は、おもに信濃川の両岸に限られ、しかもその分布は、信濃川の旧河道と見事に一致していたのである。つまり、信濃川の昔の流路が、液状化というかたちで、ありありと再現されたということができよう。

もともと自然の川は、平野に出れば、川幅を大きく広げて海へと流れくだっていく。信濃川も、昔は新潟平野を幅広く蛇行しつつ日本海に注いでいたはずである。

しかし、都市開発を進めるにあたって、川が幅を広げて流れていたのでは、市街地化のための広い面積を確保することができない。そこで人間は、まず堤防を築いて、川の流れをその中に押しこめたうえ、大量の砂によって元の河道を埋め立て、町づくりを進めていく。そのようにして形成された地盤環境の地域に、液状化被害が集中したのである。

一般に、埋め立てには砂を使うことが多い。強い地震にさえ遭わなければ、砂は良い地盤を形成するからである。しかしそれは、「砂＋水」という液状化の条件を、人間が揃えてやっているようなものなのである。

本来、「川」という「自然」に所属している環境を、人間のものにしようと改変した結果、大地震のさいに液状化災害というかたちで、自然からのしっぺ返しを喰らったともいえよう。

こうして、地盤の液状化現象は、新潟地震を契機に注目を浴びることになった。新潟地震以後も、１９８３年日本海中部地震や、１９９３年釧路沖地震などのさいに、各所で液状化被害が発生している。とくに日本海中部地震では、秋田市や能代市で、沼や湿地を埋め立てて造成された新興住宅地に、液状化被害が集中した。また、震源から１００キロ以上も離れた青森駅の構内にも噴砂が生じた。

１９９５年兵庫県南部地震（阪神・淡路大震災）のときにも、六甲山のマサ土を使って造成された人工島のポートアイランドや六甲アイランドで、広範囲に液状化が発生、砂まじりの水を大量に噴きだし、地震の直後はあたかも洪水のような状況になったことを記憶している。

最近では、２０１１年東北地方太平洋沖地震（東日本大震災）のとき、東京湾岸や利根川の下流域などで、大規模な液状化が発生したことは記憶に新しい。とりわけ、東京湾岸の千葉県浦安市や習志野市など、かつての海を埋め立てて造成された住宅地での液状化被害が顕著であった。

このときの液状化被害は、関東・東北の13都県189市町村に及び、約2万7、000戸の住宅が被災したという。世界最大規模の液状化災害といわれたほどである。

いま日本では、南海トラフ巨大地震や首都圏直下地震の切迫性が指摘されている。これらの地震が発生すれば、地震動そのものによる建築物などへの被害とともに、当然のことながら、大規模な液状化災害の発生することが予想される。したがって、液状化が生じやすい地盤環境の認識とともに、災害を軽減するための工法を、いかに積極的に導入するかが問われているといえよう。

2　日本海中部地震と津波災害

大津波襲来

1983年（昭和58年）5月26日、正午直前の11時59分、秋田県の沖合約8キロの海底で、

M７・７の大地震が発生した。

「日本海中部地震」と名づけられたこの地震は、日本海の東縁、北米プレートとユーラシアプレートとの境界で発生したもので、日本海側としては、近代的な地震観測が始まって以来、最大規模の地震であった。

この地震による津波は、北海道の南西岸から、青森県、秋田県の沿岸を襲い、大災害をもたらしたのである。津波による被害は、秋田県下が最大であったが、青森県や北海道の沿岸部でも被害を生じている。さらに津波は、日本海を西へと進み、島根県の隠岐の島や朝鮮半島の東海岸、シベリアの沿岸にまで到達した。

日本海中部地震の震源域

内陸部では、各所で地盤の液状化災害が発生した。津軽平野、能代平野、八郎潟干拓地、秋田平野などで、液状化により、建物や道路に大きな被害がでた。秋田市や能代市では、沼や湿地を埋め立てて造成された新興の住宅地に、液状化による被害が集中した。

日本海中部地震では、地震と津波により、

９３４戸が全壊し、52戸が流失した。また７００隻あまりの船が、津波によって沈没あるいは流失した。全体での死者１０４人のうち、１００人が津波による犠牲者であった。

津波の高さは、青森・秋田両県の沿岸で３～７メートル、秋田県の峰浜村では、14メートルの遡上高を記録している。

津波の第1波は、地震発生から7分後に青森県の深浦に到達し、8分後に秋田県の男鹿半島沿岸に達した。このとき、気象庁仙台管区気象台が大津波警報を発表したのは、地震発生から15分後の12時14分であった。したがって、津波警報が発表されたときには、すでに第1波が沿岸に到達していたことになる。もっと早く警報をだせなかったのか、という批判もあったが、当時の

液状化によって道路に生じた多数の亀裂

液状化による噴砂現象で生じた大穴
（青森県車力村）

津波予報体制としては、これが精いっぱいだったのである。

誤った言い伝え

この津波災害のあと、私たちが現地を取材して驚いたのは、「日本海側には津波はこない」という言い伝えのあったことである。

襲来する津波の第１波

津波で岸壁に乗り上げた漁船（伯野元彦氏提供）

海底で大きな地震が起きれば、まずは津波を警戒しなければならないのに、かなりの人が津波の襲来を意識していなかったと思われる。

たしかに、東北地方の太平洋岸の場合は、昔からたびたび甚大な津波災害を受けてきているので、住民の意識も高いのだが、それに比べると、日本海側では、近年、津波によって顕著な災害の発生したことがなかったため、人びとの意識も低かったといえよう。

さらに驚いたのは、男鹿半島では、「地震が起きたら浜へ逃げろ!」とまで言い伝えられていたことである。地震のあと浜へ逃げたら、津波に遭いにいくようなものなのだが、なぜそのような言い伝えが生まれたのだろうか。

実は、1939年(昭和14年)5月1日に起きた男鹿地震(M6・8)のとき、男鹿半島では、各所で地すべりや山崩れが起きて被害がでたため、「山の際にいては危険だから、浜へ逃げろ!」という言い伝えになったのである。

歴史を調べてみると、日本海沿岸で、津波によって多くの死者がでた例は、1833年(天保4年)12月7日に起きた庄内沖地震(M7・5)まで遡ることがわかった。このときは、庄内地方や能登の沿岸を大津波が襲い、地震と津波によって約100人の死者がでている。

振り返ってみれば、1833年の庄内沖地震から1983年の日本海中部地震まで150年間も、犠牲者をだすような津波災害が、日本海沿岸では起きていなかったことになる。150年のあいだには、世代が次々と変わってしまい、過去の出来事が伝承されないまま、日本海中部地震による津波災害を蒙ることになったといえよう。

「日本海側には津波は来ない」という誤った言い伝えが、この地震による死者の数を増やした点は否定できないであろう。

遠足児童の悲劇

日本海中部地震の起きた日は晴天で、多くの人が海岸に出ていた。そのため、釣り客18人が津波に呑まれて死亡している。

秋田県の能代港では、火力発電所を建設するための埋め立て工事が行われていて、工事現場で働いていた作業員35人が、津波の犠牲になった。

なかでも日本中の涙をさそったのは、男鹿半島西海岸の加茂青砂で、遠足に来ていた小学生13人が、津波にさらわれて命を落としたことである。

秋田県の北東部、つまり内陸にある合川南小学校の４年生と５年生で、生徒45人と引率の先生２人が、保護者の運転するマイクロバス２台に分乗して、遠足に来ていた。

小学生が遭難した加茂青砂海岸

地震が起きたとき、一行はバスの中で強い揺れを感じたのだが、目的地の加茂青砂の海岸に着いたときには、揺れも治まっており、海も静かな状態だった。

そこで先生も子どもたちも、みな浜に出て弁当を広げはじめたところに、大津波が襲ってきたのである。地震の発生から8分後のことであった。

一瞬のうちに海に流された子どもたちや先生を、地元の人びとが船を出したり、ロープを投げるなどして、懸命に救出にあたったのだが、児童13人だけは助からなかったのである。

地震の翌年、秋田県男鹿市が発行した『1983年日本海中部地震　男鹿市の記録』には、津波で流されたものの、一命を取りとめた遠足児童の体験記が載せられている。

そのなかに、当時小学5年生だった福岡真理子さんの手記があるので、紹介しよう。彼女は、津波の来る前、加茂青砂の海岸に下りて、友だちと3人で弁当を食べはじめていた。（以下原文のまま）

「私達は早くご飯を食べて、貝がら集めや砂浜での遊びをしようと、みんなよりも先にご飯を食べ始めました。その時、近くの男の人達がすわっている大きな岩に、急に波がぶつかって来るのが見えました。私はなんだかわからなくて、ただじっと見ているだけでしたが、だれか大人の人が「にげろー、にげろー」とさけんだので、私はリュックサックと弁当を持ってにげました。だけど「あーあー」と思って前を見たら一面波になり、いっきにむねのところまできてしまい、みんなは「だれか助けてー、だれかー」とひっしにさけんでいました。私はあまりにも思いがけなく、信じられなくて、さけぶこともできませんでした。気がついたら大きな木につかまっていました。私といっしょにつかまっていたのは、四年生三人と五年生一人と運転手の人でした。そして、私たちのつかまっている木はだんだん流され、みんなのいるところから遠ざかっていくばかりです。

そのとき、助けに来た人の姿が見えました。でも急に後から大きな波が来て、みんなをひとのみにしてしまいました。その時にリュックサックもぼうしも、みんな流されていきました。

私は海底で、上にあがろうといっしょうけんめいもがきました。もう少しで浮き上がれると思ったときにまた大きな波がきて、海の底におしつけられてしまいました。もうだめだと思ったとき、だれかにぐいっとひっぱられ、海の底からのがれることができました。その人とたてに並ぶように浮かんでいましたが、もうこのままどこかへ行ってしまうんではないかと思っているとき、ボートの音が聞こえてきてやっと助けあげられました。

私はいくら天災だからといっても、友達をうばうような海がにくいです」

まことに迫真力のある津波体験記ではないだろうか。

加茂青砂海岸での惨事のあと、引率者に対して、「海岸で地震を感じたなら、なぜ津波を予想しなかったのか」という厳しい批判が相次いだ。

それとともに、「もし、かつての国語教材「稲むらの火」が、今も教科書に残っていたなら、この悲劇は防げたかもしれないのに」という声が上がったのである（第3章参照）。

いま加茂青砂海岸を訪れると、大津波の犠牲になった児童たちの霊を慰めるための慰霊碑が、ひっそりと建てられている。

加茂青砂海岸に建つ
「津波殉難の碑」

3　北海道南西沖地震と津波災害

日本海側で最大の地震

1993年（平成5年）7月12日の22時17分、北海道南西沖地震が発生した。震源地は、北海道南部の渡島《おしま》半島から西へ約60キロの海底で、震源の深さは34キロ、地震の規模はM7・8であった。

この地震は、10年前の1983年に起きた日本海中部地震と同様、北米プレートとユーラシアプレートとの境界で発生したもので、M7・8は、日本海側で起きる地震としては、最大規模だったといえよう。

この地震により、深浦、小樽、寿都《すっつ》、江差で震度5を観測した。最大の被害となった奥尻島には、当時地震の観測点がなかったため、震度は発表されていないが、震害の模様や住民の体験談などから、参考震度6になっていたものと推測される。

地震発生の直後に、大津波が奥尻島や渡島半島の西海岸を襲い、震害ともあわせて、死者・行方不明者230人をだす大災害となった。

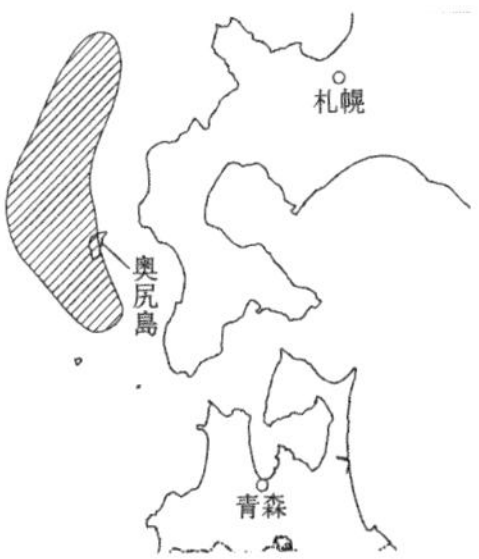

北海道南西沖地震の震源域

地震の震源域は、南北約100キロ、東西約50キロとされているが、その後の解析から、2つの地震が相次いで発生したものと考えられている。

最初の断層破壊は、奥尻島の北西で発生して、南へ向かって進行した。その約30秒後、奥尻島に近い所で第2の破壊が発生した。住民の聞き取り調査でも、30秒ほどの間隔をおいて、強い揺れが2回襲ってきたという証言がある。

第2の震源域は、その東端がほとんど奥尻島の直下にまで達していたため、同島での震害がとくに大きく、また大津波が地震から約5分後に島へ到達したのである。

230人の犠牲者のなかには、大規模な土砂崩れによる死者も含まれている。とくに奥尻島では、崖崩れが多発し、建物が埋没したり、道路が寸断されるなどの被害を生じた。なかでも、奥尻港に面した斜面が、高さ約120メートル、幅約200メートルにわたって崩れ落ち、ホテルとレストランが下敷きとなって、28人の死者をだした。

奥尻島の惨状

津波による被害は、奥尻島が最大だったが、渡島半島西海岸の島牧村、瀬棚町、北檜山町、大成町なども被災した。

奥尻島を襲った津波による災害は、全島に及んでいる。稲穂、海栗前、初松前、青苗、藻内などの地区では、瞬時に集落が洗い流されてしまった。津波はまた、家屋だけでなく、道路の擁壁を倒壊させるなどの被害をもたらした。

奥尻島で最も被害の大きかった南部の青苗地区は、高さ10メートルの大津波に洗われたうえ、直後に発生した火災によって、500戸あまりが流失または焼失した。西海岸の藻内地区では、

30・5メートルという最大遡上高を記録している。

島の南端に突きでた青苗五区には、西側から10メートル、直後に東側から6〜7メートルの津波が襲来し、住民の約3分の1が犠牲になった。

青苗地区は、1983年に起きた日本海中部地震のさい、最大5メートルの津波に襲われたため、海岸に高さ4・5メートルの防潮堤が築かれていたのだが、10メートルの津波に対しては、ほとんど無力であった。

奥尻島での津波災害を大きくしたのは、島が震源域のほぼ真上にあったこととともに、島の南方沖の海底地形にも原因があった。島南端の青苗五区の南には、海底に浅瀬が延びている。この浅瀬の存在によって、西から来た津波は、進行方向をねじまげられ、浅瀬をまわりこむようにして、東側からもこの地区を襲った、つまり青苗五区は、西から直進してきた津波と、まわりこんで東からきた津波との挟みうちにあって、甚大な災害を蒙ったのである。

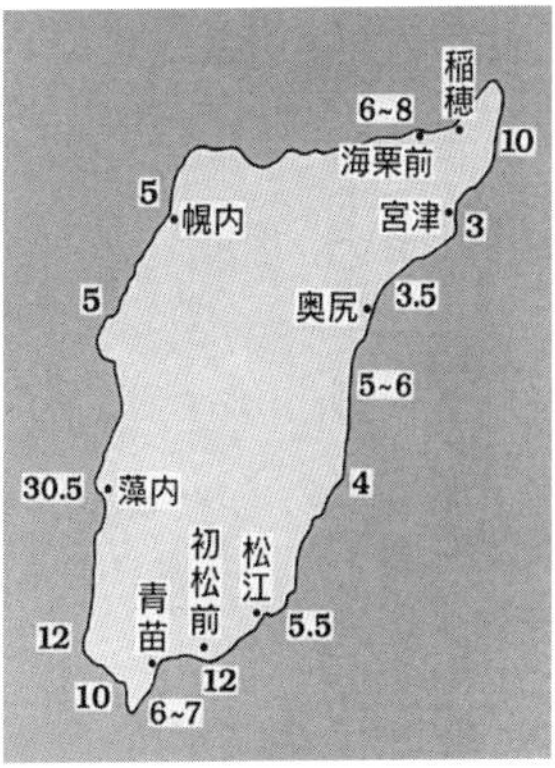

奥尻島沿岸の津波遡上高
（都司嘉宣氏による）

渡島半島西岸の町村でも、津波による被害がでた。犠牲者の数は、島牧村で7人、瀬棚町で6人、大成町で10人などとなっている。津波の高さは、島牧村で最大8・5メートル、瀬棚町で最大4・1メートル、大成町で最大8・5メートルなどで、いずれも家屋の流失を招いている。

日本海中部地震の体験が活きた!

津波ですべてが流された青苗五区

多くの住民が背後の丘に避難した（青苗五区）

震源域のほぼ真上にあった奥尻島では、地震発生から5分前後で津波が襲来したため、地震直後のとっさの判断が人びとの生死を分けた。

津波の襲来を予想して、いち早く高台へ避難した人がいる一方、車で逃げようとしたものの、渋滞に巻きこまれたために、車ごと津波にさらわれた人も少なくない。津波が来るまでには、まだ時間の余裕があると思い、ゆっくり歩いて避難をしているうちに、津波に呑まれてしまった人もいる。

気象庁の札幌管区気象台が、北海道から東北地方の日本海側に大津波警報を発表したのは、地震発生から５分後であった。この情報を受けて、ＮＨＫが緊急警報放送を開始したのは、22時24分すぎ、地震の発生から７分あまりが経過していた。しかし奥尻島では、警報は間に合わなかった。そのときすでに、津波は島を洗っていたのである。

この北海道南西沖地震の10年前、１９８３年５月26日に日本海中部地震が発生、青森・秋田両県の沿岸を大津波が襲い、津波だけで１００人の死者をだす災害となった。それまでは、「日本海側には津波は来ない」という誤った言い伝えさえあったのだが、この災害によって認識が改まったのである。このとき奥尻島でも、津波によって２人の死者がでていた。

そのため、強い地震の揺れに見舞われたとき、多くの人が迅速に避難行動を起こした。しかし、地震の発生から津波襲来までの時間が短かったことと、奥尻島には、日本海中部地震のときよりも高い津波が襲来したため、多くの犠牲者をだす結果となったのである。もし10年前の日本海中部地震の体験がなければ、犠牲者の数はさらに増えたものと推測される。

災害のあと、東京大学社会情報研究所（当時）が、青苗地区で実施した住民アンケートによると、「地震直後に津波を予想したか?」という質問に対し、「大きな被害のでる津波が来ると思った」が39・7パーセント、「来るとは思ったが、あれほど大きいとは思わなかった」が40・2パーセントで、8割の人が津波の襲来を予想していたことがわかる。

さらに、「津波が来ると思った」と答えた人に対して、「なぜ地震直後に津波が来ると思ったか?」と、その理由を尋ねたところ、「10年前の日本海中部地震の津波を体験したから」が72・4パーセントを占めていて、日本海中部地震の教訓が、避難行動に活かされていたことがわかった。

また、「日本海中部地震の経験が避難行動に影響したか?」という質問に対して、「経験があったから、素早く避難できたと思う」と答えた人が52・0パーセントと、半数以上を占めていた。しかし、「経験が災いして、まだ余裕があると思い、避難が遅れた」という人が7・4パーセントあった。これは、日本海中部地震のときは、奥尻島に津波が襲来するまで、地震発生後20分近くかかっていたため、北海道南西沖地震のときも、まだ余裕があると思い、避難が遅れたものであろう。10年前の経験がマイナスに働いた事例でもある。

津波火災の発生

奥尻島の青苗地区では、津波襲来のあと、２件の火災が発生、北東からの10メートル近い風に煽られて、たちまち南西方向へと燃えひろがり、１９２戸が焼失した。漁村特有の木造家屋密集地帯だったことも、大火となった原因の一つである。

奥尻消防署の調べによると、最初の出火は、地震から23分後の22時40分ごろ、第2の出火は、24時30分ごろだったという。

青苗五区では火災も発生

出火原因は不明とされているが、この年は記録的な冷夏だったため、7月でも北海道の離島の夜は寒く、多くの家庭や民宿などでストーブを使っていたと思われる。そこへ強い地震が襲い、津波を予測した住民が、室内にストーブなどの火源を残したまま避難したため、津波の襲来とともに火災が発生した可能性もある。

延焼するにつれ、プロパンガスのボンベや家庭用の燃料タンクなどが、次々と爆発を繰り返した。しかも、津波の運んできた瓦礫が消火活動を阻み、手のつけられない状態となったため、最終的には破壊消防が行われて、延焼の拡大を食い止めたという。青苗地区の火災がようやく鎮火したのは、出火から11時間後のことであった。まさに青苗地区は、大津波と延焼火災という、いわば複合災害に見舞われたことになる。

津波とともに火災が発生した事例は、けっして少なくない。2011年3月の東北地方太平洋沖地震（東日本大震災）でも、三陸沿岸の各所で火災が発生したことは記憶に新しい。過去には、1933年昭和三陸地震津波や1964年新潟地震のさい、津波が関与した火災が発生している。

海外では、私がかつて取材した1964年3月のアラスカ地震（M8・2）のさい、バルディーズという港町で、ユニオン石油会社の石油タンクが破損し、漏れでた石油が湾内一面に広がって着火し、それが市街地に延焼したために、町が全焼してしまったことを記憶している。

いま日本各地の港湾地帯に立地している石油コンビナートには、石油タンクなどの危険物が林立している。南海トラフ地震のような巨大地震が将来発生したとき、地震の揺れによってタンクが破壊されたり、津波による漂流物がタンクに衝突して油が漏れだしたりすれば、着火して大規模火災に発展する危険性を秘めているといえよう。したがって、津波による火災の発生までも視野にいれた防災対策をいかに整備しておくかが、いま問われているのである。

第6章　八重山の明和大津波

江戸時代の中期にあたる1771年4月24日（明和8年3月10日）、沖縄の八重山列島、宮古列島に突然の大津波が襲来し、大災害をもたらした。「八重山地震津波」と呼ばれている。

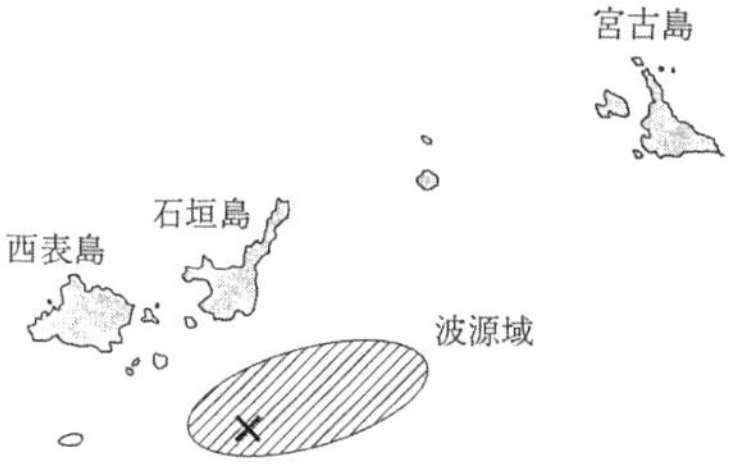

八重山地震津波の推定波源域

津波を起こした地震は、フィリピン海プレートとユーラシアプレートとの境界で起きた海溝型地震と考えられており、震源は石垣島の南、約40キロで、その規模はM7・4前後だったと推定されている。

しかし、石垣島での震度は、せいぜい4程度で、地震動そのものによる被害はほとんどなく、大津波だけが島々を襲ったのである。

『琉球旧海主日記』には、「本国及久米、慶良間《ケラマ》島地震アリ、宮古島及八重山島ニテ又地震アリテ、海浪騰湧シ、土地人民ニ損害多シ」と記されている。

当時の沖縄は、琉球王朝の支配下にあった。津波が襲来したときの状況が、八重山の行政庁から琉球王府に提出された『大波之時各村之形行書《なりゆきしょ》』に記されている。形行書は、今も旧家などに保存されている。

形行書にある「大波揚候次第」によると、乾隆《けんりゅう》三十六年三月十日に「大地震有之右地震相止則東方鳴神ノ様轟キ間モ無ク外ノ瀬迄潮干所々潮群立右潮一ッ打合以之外東北東南ニ大波黒雲ノ様翻立一時ニ村々へ三度迄寄揚――」と記されている。

ここでいう乾隆とは、清の高宗だった乾隆帝の在位中に使われた元号で、乾隆三十六年三月十日は、日本の明和8年3月10日（西暦1771年4月24日）にあたる。

地震が起きたのは、当日の朝8時ごろのことで、形行書の記述を要約すれば、「地震が止んだあと、東の海の方から鳴響が聞こえ、海水が沖の方へ引いていった。その直後、北東や南東の方角に、大波が黒雲のようにひるがえり立つと見るまに、津波が村々へ3度も押し寄せてきた」と記されているのである。

つまり、地震発生直後、海水が異常な速さで沖へ向かって引いていき、そのあと巨大な津波が八重山列島に襲来したことを物語っている。

石垣島を中心に大災害

大津波によって、とりわけ甚大な災害となったのは石垣島で、島の面積の約40パーセントが津波に洗われたといわれる。

石垣島では、津波の第1波は、まず南東の白保崎に到達し、島の東と南の海岸地帯が、津波の直撃を受けるかたちとなった。その結果、島の8つの村が、荒れ狂う津波に洗われて壊滅してしまった。

その時の悲惨な状況を、先の形行書には次のように記されている（書き下ろし文に改め）。

「引流されて失命致し、或は身体傷を負ひ、漸く游《およ》ぎ出、或者は木石堀土に埋められ、髪手足を破り、或は赤裸になり、親子兄弟夫婦の見分けも罷《まか》りならず、半死に及び、諸木にかかり、海中漂流仕候者共之れ有り候へ共、地船並に御米漕諸馬艦小船まで残さず破損故、見ながら溺死致候――」

石垣島南岸の宮浦湾に入った津波は、宮良川や磯部川、轟川を遡上して、田畑や家屋、人畜を呑みこみ、さらには周辺の巨木をなぎ倒しながら上流へと向かった。島の中央部で大きく盛り上がった津波は、2波3波と重なって尾根を越え、西海岸の名蔵湾へと下って災害を拡大した。つまり津波は、宮浦湾から名蔵湾へと、石垣島の南部を横断してしまったことになる。

津波が南から西へと乗りこえたあたりに、今は「スリ山」と呼ばれている山がある。これは多分、川を遡上した津波によって、地表が「すり切られた」ことから、そう名づけられたものであろう。

大津波による死者・行方不明者は、八重山列島で9、313人、うち石垣島だけで8、439人を数えた。石垣島では、約1、900戸の家屋が流失し、島の人口約1万7、000のうち、半数が失われたことになる。

また宮古列島でも、犠牲者は2、548人に達した。被災地域全体では、約1万2、000人が津波の犠牲になったと推定されている。

一方、石垣島のすぐ西、5キロほどの所に位置する竹富島は、平坦な島であるにもかかわらず、津波による被害はほとんどなかった。島の一部が冠水し、石垣の流された所などはあったものの、家屋の被害は報告されていない。

人的被害についても、記録には「溺死者27人（男15人、女12人）」と書かれているが、これは当時たまたま石垣島の蔵元（地方政庁）に出役していた人びとであって、竹富島そのものでは1人の犠牲者もでなかった。

この事実は、まさに奇跡的ともいわれたが、その理由は、竹富島の南東の海にある大きなサンゴ礁が、いわば天然の防波堤の役割を果たして、津波を防いでくれたからと考えられている。

大津波発生の謎

大津波が、八重山の島々を取り巻いているサンゴ礁を通過したために、砕かれたサンゴの大石が、島の奥深くまで打ち上げられていて、「津波石」と呼ばれ、その分布から、津波の波高が推定されている。

打ち上げられた津波石（宮古島）

一説には、石垣島の南海岸で、津波は最大85メートルの高さに達したとされていたが、近年の調査では否定されていて、30メートル前後ではなかったかと推定されている。

打ち上げられた津波石のなかには、直径が10メートル、重さが推定700トンに及ぶものもあって、津波の凄まじい威力を物語っている。

推定でM7・4という地震の規模のわりには、想像を絶するような大津波がなぜ襲来したのかについては、現在も大きな謎となっていて、これまでにもさまざまな説が提唱されてきた。

「実はM8クラスの巨大地震だったのではないか」とする説、「海底で大規模な地すべりが起きたのではないか」とする説、「巨大地震と海底地すべりが同時に起きたのではないか」とする説、「地震の揺れは弱いのに、大津波だけが発生する『津波地震』だったのではないか」とする説などが挙げられている。

人口減少と疫病の流行

この大津波災害のあと、八重山では人口が激減した。被災する前には、約2万9、000人だった人口が、津波によって9、300人あまりが失われたうえ、その後も長く重い後遺症が続くことになった。

津波に洗われた農地では、土壌が流出したり、津波が運んできた海水による塩害で、農耕ができなくなったために、農作物の生産が低迷し、食料不足によって飢饉が発生、人口の減少を招いた。

また、衛生環境が極度に悪化したため、さまざまな疫病が流行して、人口減少に拍車をかけた。津波災害の翌年夏には、島の古老らが「イキリ」と呼ぶ疫病が蔓延した。イキリとは疫痢のことを指すと見られ、とりわけ幼い子どもたちを襲う急性伝染病が流行したものと思われる。

一方、津波後に書かれた『奇妙変異記』に、災害の翌年、「白保村から風気が発生した」と記されているが、これはマラリアの発生・流行を指すものではないかと推測されている。

このように八重山では、食料生産の減少による飢饉や、致命的な疫病の流行によって人口が激減した。大津波災害から１００年のあいだに、人口は約1万7、０００人も減少し、明治の初頭には、津波前の人口の約40パーセントになっていたといわれる。

こうした社会の変動は、ひとたび大規模な災害が起きると、その影響がいかに甚大で、しかも長期にわたるかを如実に物語っているものといえよう。

第7章　太平洋を渡ってきた大津波

1　チリ地震津波

地球の裏側から津波が来た！

１９６０年（昭和35年）５月24日の未明、日本列島の太平洋沿岸は、地震を感じてもいないのに、突然の大津波に襲われた。「沿岸で地震を感じたら、津波に注意！」という沿岸住民の常識が通用しない出来事であった。

実はこの津波は、地球の裏側からはるばると太平洋を渡ってきたものであった。日本時間の前日、５月23日の４時11分、南米チリの沖合いを震源として、M９・５という超巨大地震が発生した。ナスカプレートが南米プレートの下に沈みこんでいるチリ海溝で、南米プレートの側が跳ね返って起きた海溝型巨大地震で、震源域は南北約１、０００キロに及び、20世紀以降の地球上では、最大規模を記録した地震であった。

この地震によって、チリでは首都サンチアゴをはじめ、全土が壊滅的な災害を蒙った。地震による直接の犠牲者は、1、700人以上とされている。また、地震発生から15分後には、最大18メートルの津波がチリの沿岸を襲い、大災害となった。

津波はたちまち太平洋全域に広がり、地震から15時間後にはハワイ諸島に達した。ハワイ島のヒロでは、小さな第1波のあと、約1時間後に10・5メートルの最大波が到達して、ヒロの市街地に流れこみ、530あまりの建物が全半壊、日系人も含めて61人が犠牲になった。

津波は、アメリカ西海岸にも被害をもたらした。カリフォルニア州のクレッセントシティでは約3万ドル、ロサンゼルスでは、50万ドルの経済的被害を生じたという。

チリと日本との距離は、約1万7000キロ。大津波は、チリ沖からいったん太平洋にレンズ状に広がったあと、ちょうど地球の裏側、太平洋を挟んで対極的な位置にある日本列島のあたりに収斂してくる。

平均水深約4、000メートルの太平洋を、津波は時速700キロ前後の速さで伝播し、発生から22時間あまり経った5月24日の未明2時20分ごろ、日本の沿岸に到達した。津波は、はじめ北海道東部の沿岸に達し、そのあと次第に南下しながら、九州から沖縄までの海岸を襲ったのである。

チリ沖で発生した巨大地震による津波が襲来したので、「チリ地震津波」と呼ばれている。このように、海の向こうで発生した地震によって襲来する津波のことを「遠地津波」という。

気象庁では現在、日本の沿岸から６００キロ以上離れた海域で発生した地震による津波を「遠地津波」と定義している。

チリ地震津波による日本の沿岸での津波の高さは、一般に1メートルから最大4～5メートルであったが、三陸の沿岸では、地形効果により、湾の奥で5メートルを超えた所もある。

チリ地震津波の特徴は、大船渡湾や宮古湾のような長い湾の奥で、津波が高くなったことである。大船渡の町の主要部分は、細長い湾の最も奥に位置している。１９３３年の昭和三陸地震津波のときは、波高はわずか2・4メートルで、湾奥ではほとんど被害がなかった。そのため、市の中心部は比較的安全と考えられていた。しかしチリ地震津波では、波高は5・2メートルに達し、市街地はいちめん大津波に洗われて、死者53人を数えたのである。

大船渡市の津波被害（「大船渡災害誌」より）

これは、チリ地震津波のような遠地津波の場合、日本の近海で起きる地震による津波とは異なって、第1波と第2波、第2波と第3波など、波と波との時間間隔、つまり周期が40分以上と長く、その長い周期が、大船渡のように奥行きの長い湾の固有振動周期とほぼ一致した結果、共振という現象を起こして、湾の奥で津波の高さが増幅されたためである。

その結果、昭和の津波で被害のなかったことから安心していた湾奥の市民が、遠地津波によって被災する結果になったといえよう。

津波で押し上げられた運送船（250トン）
（「大船渡災害誌」より）

宮城県志津川町（現・南三陸町志津川）での被害も大きく、津波が川を1キロも遡って町に流れこみ、死者37人、全壊および流失した家屋1、172戸を数えた。

北海道南東岸の浜中村（現・浜中町）霧多布《きりたっぷ》では、町並みが海に突きでた岬とのあいだをつなぐ低地にあるため、津波が両側から襲来して町を呑みこみ、11人が犠牲になった。ここでは、家の屋根に乗ったまま流された人が多かったのだが、陸上自衛隊のヘリコプターや海上保安庁の巡視船が、かなりの人を救助したといわれる。

チリ地震津波では、日本の太平洋沿岸一帯が被災したため、北海道から沖縄までの沿岸で、死者・行方不明者１４２人を数えた。このなかには、まだ日本に返還される前だった沖縄での死者３人も含まれている。

とくに被害の大きかったのは、北海道から三陸の沿岸で、２、８００戸あまりが全壊または流失した。犠牲者の総数１４２人のうち、岩手県で58人、宮城県で45人を数えている。

遅れた津波警報と住民の対応

チリ地震津波のとき、気象庁が津波警報を発表したのは、未明に津波の第１波が日本の沿岸に到達してからであった。資料を調べてみると、第１波が２時20分ごろから３時30分ごろにかけて日本の沿岸に到達しているのに対して、中央気象台が津波警報を発表したのは５時20分、札幌管区気象台が５時00分、仙台管区気象台が４時59分、大阪管区気象台が６時35分などとなっていた。これでは、避難の間にあうはずがない。

当時は、気象庁も遠地津波に対する認識が甘かったために、警報の発表が遅れ、沿岸住民にとっては、まさに「寝耳に水」の津波襲来となってしまったといえよう。

だが地域によっては、早起きの漁民が海の異変に気づいて消防団に連絡し、団員がサイレンや半鐘などを鳴らして、住民に避難を呼びかけた所もある。

岩手県の山田町では、この日がちょうどワカメ漁解禁の日だったため、多くの漁師が浜に出ていて、異常な引き潮に気づいた。彼らは、いち早く「津波だ！」と叫びながら、大声で知らせ歩き、浜にいた消防団員は、すぐ消防屯所の警鐘やサイレンを鳴らして、緊急事態の発生を知らせた。これを受けて、町は消防車などによる広報活動を展開、海岸地区の住民を高台などに避難誘導した。

岩手県大槌町では、海辺に住んでいた人が、午前2時ごろ、海の異様な音に気づいて海岸に出たところ、海水が急に引いていくのを見て津波を予感し、消防団に伝えた。宮古測候所からの警報はなかったのだが、消防団が単独に警報を発令して、危険区域の住民を避難させたという。

宮古市のある消防署員は、消防署の望楼から、閉伊《へい》川河口の水が激しく引き、係留中の漁船が横倒しになったのを見て、津波の襲来を直感、ただちにサイレンを鳴らして市民を高台に避難させた。遅ればせながら、気象台から津波警報が発表されたときには、住民の避難が完了していたという。

つね日ごろ海とつきあっている漁業関係者だけに、海の異常な変化に対して、敏感に反応したことが、多くの人命を救ったのである。漁業関係者以外でも、警察官や消防団員が引き潮に気づいてサイレンを鳴らし、住民を避難させた事例が、三陸沿岸だけでなく、紀伊半島や四国の沿岸からも報告されている。

高知県須崎市では、駐在所の巡査が、異常な引き潮を見てサイレンを鳴らし、沿岸地区の住民すべてを裏山に避難させたという。

一方では、不幸な事例もあった。大船渡市では、魚市場の職員が引き潮に気づいて市場のサイレンを鳴らし、セメント会社もサイレンを鳴らして市民に急を告げた。しかし市民の多くは、魚市場のサイレンを、魚の水揚げの合図と思いこんだらしい。そのうえ、火災を知らせるサイレンと津波避難を知らせるサイレンとが区別されていなかったため、せっかくの魚市場職員の機転も役に立たなかったのである。

また、津波を甘くみた住民の行動が、人的被害を招いた例も報告されている。高知県須崎市では、好奇心にとらわれた人びとが、防潮堤の付近につめかけたところへ大津波が襲ってきた。岩手県陸前高田市では、わざわざ津波を見にいって、波に襲われ亡くなった人もいる。第1波から第2波までの間隔が長かったために、第1波が引いたあと、魚や貝などを手づかみにするため海に入って、第2波で流された人も少なくない。

チリ地震津波を契機にして、沿岸各所で防潮堤などの建設が進んだ。大災害となった大船渡では湾口防波堤が、また釜石湾では、総延長1、960メートルという巨大な津波防波堤が建設された。

一方、チリ地震津波のときの苦い経験から、その後気象庁は、遠地津波に対する予報体制を整備してきた。

国際的には、太平洋周辺諸国が、地震や津波の情報を共有して、津波災害の軽減に活かすため、1968年、「太平洋津波警報組織」が設立された。

現在は、太平洋のまわりのどこの海域で発生した地震に対しても、ハワイにある「太平洋津波警報センター」が、各国からの地震や潮位に関するデータを直ちに集め分析して、津波の進行方向や規模、各国の沿岸への到達時刻などを推定し、通信衛星などを利用して、沿岸諸国に情報を迅速に伝える体制が整備されている。

2　歴史に見る遠地津波

遠地津波は珍しくない！

歴史を調べてみると、日本では地震を感じていないのに、大津波だけが押し寄せてきた事例は、いくつも知られている。

1700年（元禄12年）1月27日の深夜24時ごろ、三陸沿岸の宮古湾や大槌浦などに、大潮が上がって大騒ぎになったという記録が残されている。宮古湾の湾口にあたる鍬ヶ崎では、高さ4メートルの津波によって、13戸が流失したうえ、火災も発生して、20戸が焼失した。紀伊半島の田辺にも、5メートルをこえる大津波が押し寄せ、跡の浦で田畑が浸水したと伝えられている。

最近の調査から、このとき日本の沿岸に大津波をもたらした地震は、北アメリカ西海岸の沖合い、プレート境界で起きた巨大地震だったことが明らかになった。地震の規模は、M9・0前後だったと推定されている。津波の「親」にあたる地震が、日本では起きていなかったことから、江戸時代の人びとは、この津波のことを「みなしご津波」と呼んでいたという。

1868年（慶応4年）8月13日、南米チリ北部の沖合いで起きたアリカ地震（M9・1）では、14メートルの大津波がチリの沿岸を襲い、2万5、000人の死者をだす大災害となった。津波は太平洋に広がり、ハワイ島のヒロでは4・6メートル、マウイ島のカフルイで3・6メートルを記録し、大きな被害を生じた。日本の沿岸に到達した津波は、函館で2メートルに達したといわれる。

1877年（明治10年）5月10日には、やはりチリ北部沖でイキケ地震（M9・0）が発生、大津波が太平洋沿岸全域に達した。ハワイ島のヒロで5メートル、マウイ島のカフルイで6・6メートルを記録し、5人の死者がでた。津波は日本の太平洋岸にも到達し、函館で2・4メートル、釜石で3メートルとなって被害を生じ、房総の九十九里浜では死者もでたと伝えられている。

このほか、太平洋の周辺で発生した大地震による津波が、日本の沿岸に小規模な被害や影響を与えた例は、決して少なくない。

このような災害事例が過去にありながら、1960年チリ地震津波のときには、それが情報として活かされなかったといえよう。

最近では、1996年（平成8年）2月17日、ニューギニア島西部の沖合いでM8・2の巨大地震が発生、津波が太平洋を北上して、4時間から6時間後に日本の沿岸に到達した。津波の高さは、小笠原の父島で103センチ、潮岬で96センチ、千葉県の館山で90センチだったが、高知県の土佐清水で漁船が損傷したほかには、大きな災害にはいたらなかった。

2010年のチリ津波

2010年（平成22年）2月27日の15時半すぎ（日本時間）、南米チリ沖でM8・8の巨大地震が発生した。そこで発生した津波が、日本の沿岸を襲うと予測されたため、気象庁は2月28日9時33分、青森・岩手・宮城3県の太平洋沿岸に大津波警報、その他の太平洋沿岸に津波警報を発表した。

太平洋を渡ってきた津波は、28日の午後、日本の沿岸に到達した。岩手県の久慈港や高知県の須崎港の検潮所で、それぞれ1・2メートル、宮城県の仙台港と鹿児島県の志布志港で1・1メートルの津波が観測されたが、その後の調査から、実際には地形の効果などで、2メートル以上に達していた所のあることもわかった。

幸い人的被害はなかったものの、北海道根室市の花咲港や、宮城県気仙沼市などでは、道路の冠水や家屋の床上・床下浸水などの被害がでた。また三陸沿岸の港では、カキやホタテ、ワカメなどの養殖筏が、ほとんど流されてしまい、被害額は60億円に達したといわれる。

このとき、三陸では沿岸の市町村が、危険地区の住民に対して、避難勧告や避難指示を発令したのだが、実際に避難した人の少なかったことが問題となった。

総務省消防庁によると、大津波警報の発表された地域で、決められた避難場所に避難した住民は、全体のわずか7・5パーセント、津波警報の発表された地域では、2・8パーセントにすぎなかったという。

たしかに三陸の沿岸では、このときまで、たびたび津波警報が発表されても、被害がでなかったり、ごく小規模な被害ですんだことも多かったため、住民の避難行動につながらなかったという面は否定できない。

そして三陸沿岸は、翌2011年3月11日、東北地方太平洋沖地震による巨大津波に見舞われることになったのである。警報の発表を受けても、被害を過少評価する傾向が、惨事をさらに拡大したともいえるのではないだろうか。

おわりに

先年亡くなった作家の井上ひさしさんは、生前次のような言葉を残している。

「いつまでも過去を軽んじていると、やがて私たちは未来から軽んじられることになるだろう」

井上さんは、政治・経済をはじめとするあらゆる社会現象について警告されたのであろうが、この言葉は、さまざまな自然災害についても当てはめることができるのではないだろうか。

「歴史は繰り返す」とよくいわれるが、自然の歴史、災害の歴史もまた繰り返されるのである。過去に起きたことは、必ず将来も起きると見ておかなければならない。


本書では、数々のプレート境界地震を取り上げてきたが、そのなかでも、たとえば南海トラフ巨大地震は、100～150年の間隔をおいて発生しており、そのたびに大規模な災害をもたらしてきたことは、本文で詳説した。そしていま、次の南海トラフ地震の発生が懸念されていることは周知のとおりである。その規則性を鑑みれば、次の南海トラフ巨大地震は必ず起きる。

そのとき、日本列島のほぼ西半分が、激震と大津波によって、壊滅的な災害を蒙ることは目に見えている。それぞれの地域で、過去の度重なる海溝型巨大地震によって、どのような災害に見舞われたかを把握し、次に備えることが喫緊の課題なのである。過去に学び、それをいかに将来に活かすかが、いま問われているといえよう。

本書を刊行するにあたっては、近代消防社の中村豊編集長に、たいへんお世話になった。あらためて、お礼を申し上げる次第である。

2017年11月　伊藤和明

《著者紹介》
伊藤和明（いとうかずあき）
1930年東京生まれ。東京大学理学部地学科卒業。東京大学教養学部助手、ＮＨＫ科学番組・自然番組のディレクター、ＮＨＫ解説委員（自然災害、環境問題担当）、文教大学教授を経て、現在、防災情報機構会長、株式会社「近代消防社」編集委員。主な著書に、『地震と噴火の日本史』、『日本の地震災害』（以上、岩波新書）、『津波防災を考える』『火山噴火予知と防災』（以上、岩波ブックレット）、『直下地震！』（岩波科学ライブラリー）、『大地震・あなたは大丈夫か』（日本放送出版協会）、『日本の津波災害』（岩波ジュニア新書）がある。

KSS 近代消防新書

012

災害史探訪－海域の地震・津波編

著者　伊藤《いとう》　和明《かずあき》
2017年12月7日　発行
発行所　近代消防社
発行者　三井　栄志

〒105-0001　東京都港区虎ノ門2丁目9番16号
（日本消防会館内）
読者係（03）3593-1401㈹
http://www.ff-inc.co.jp

ISBN978-4-421-00903-3　C0244
価格はカバーに表示してあります。